Geoprocessamento
fundamentos e técnicas

O selo DIALÓGICA da Editora InterSaberes faz referência às publicações que privilegiam uma linguagem na qual o autor dialoga com o leitor por meio de recursos textuais e visuais, o que torna o conteúdo muito mais dinâmico. São livros que criam um ambiente de interação com o leitor – seu universo cultural, social e de elaboração de conhecimentos –, possibilitando um real processo de interlocução para que a comunicação se efetive.

Geoprocessamento
fundamentos e técnicas

Monyra Guttervill Cubas
Bruna Daniela de Araujo Taveira

Rua Clara Vendramin, 58 . Mossunguê . CEP 81200-170 . Curitiba . PR . Brasil
Fone: (41) 2106-4170 . www.intersaberes.com . editora@editoraintersaberes.com.br

Conselho editorial
Dr. Ivo José Both (presidente)
Dr.ª Elena Godoy
Dr. Neri dos Santos
Dr. Ulf Gregor Baranow

Editora-chefe
Lindsay Azambuja

Gerente editorial
Ariadne Nunes Wenger

Assistente editorial
Daniela Viroli Pereira Pinto

Preparação de originais
Caroline Rabelo Gomes

Edição de texto
Palavra do Editor

Capa
Débora Gipiela (*design*)
Liu zishan, Omeris e Merfin/
Shutterstock (imagens)

Projeto gráfico
Mayra Yoshizawa

Diagramação
Débora Gipiela

Equipe de *design*
Débora Gipiela

Iconografia
Sandra Lopis da Silveira
Regina Claudia Cruz Prestes

1ª edição, 2020.

Foi feito o depósito legal.

Informamos que é de inteira responsabilidade das autoras a emissão de conceitos.

Nenhuma parte desta publicação poderá ser reproduzida por qualquer meio ou forma sem a prévia autorização da Editora InterSaberes.

A violação dos direitos autorais é crime estabelecido na Lei n. 9.610/1998 e punido pelo art. 184 do Código Penal.

Dados Internacionais de Catalogação na Publicação (CIP)
(Câmara Brasileira do Livro, SP, Brasil)

Cubas, Monyra Guttervill
    Geoprocessamento: fundamentos e técnicas/Monyra Guttervill Cubas, Bruna Daniela de Araujo Taveira. Curitiba: InterSaberes, 2020.

    Bibliografia.
    ISBN 978-65-5517-784-8

    1. Análise espacial (Estatística) 2. Geoprocessamento 3. Geotecnologia 4. Mapeamento digital 5. Sensoriamento remoto 6. Sistemas de Informação Geográfica (SIG) I. Taveira, Bruna Daniela de Araujo. II. Título.

20-42526   CDD-621.3678

Índices para catálogo sistemático:
1. Geoprocessamento: Sensoriamento remoto e SIG: Tecnologia   621.3678

Cibele Maria Dias – Bibliotecária – CRB-8/9427

Sumário

Apresentação | 7
Como aproveitar ao máximo este livro | 9

1. Geoprocessamento e a ciência geográfica no século XXI | 15
    1.1 Geografia e Geoinformação | 17
    1.2 Conceitos essenciais para a compreensão do Geoprocessamento | 22
    1.3 Representação de dados em ambiente computacional | 31
    1.4 Aplicações de Geoprocessamento | 34

2. Fundamentos de Cartografia para Geoprocessamento | 55
    2.1 Relação entre Cartografia e Geoprocessamento | 57
    2.2 Modelos de representação da Terra | 63
    2.3 Sistemas de projeções | 81
    2.4 Sistemas de coordenadas geográficas | 88
    2.5 Considerações sobre escala em Cartografia Digital | 90

3. Aquisição de dados geoespaciais | 105
    3.1 Posicionamento geodésico | 107
    3.2 Posicionamento GNSS | 108
    3.3 Levantamentos topográficos | 110
    3.4 Levantamentos aéreos | 112
    3.5 Sensores remotos | 116
    3.6 Comportamento espectral de alvos | 119
    3.7 Imagem digital | 122
    3.8 Aerofotogrametria | 126
    3.9 Digitalização e vetorização | 130
    3.10 Modelos digitais | 132

4. Sistemas de Informação Geográfica | 143
    4.1 Introdução aos Sistemas de Informação Geográfica | 145
    4.2 Dados em Sistemas de Informação Geográfica | 155
    4.3 Principais operações de análise espacial em Sistemas de Informação Geográfica | 166

Considerações finais | 177
Lista de siglas | 179
Referências | 181
Bibliografia comentada | 193
Respostas | 195
Sobre as autoras | 201

Apresentação

Entre as funções da ciência, encontra-se a de estruturar e modelar dados para compreender fenômenos que ocorrem no planeta, como processos naturais e as formas de organização urbana e da sociedade. O conhecimento científico divide-se em diferentes áreas, e cada uma delas contribui especificamente para o entendimento desses fenômenos, oferecendo métodos que ajudam a humanidade a compreender o espaço e buscar melhorá-lo.

Neste momento, vivemos a era da internet, em que estar conectado passou a fazer parte da rotina da sociedade, mudando nossa relação com as atividades do dia a dia, como estudar, trabalhar, fazer compras, interagir socialmente, entre tantas outras; a internet, aliada às Geotecnologias, tem revolucionado os meios de localização, transporte e relacionamento da humanidade. Pensando assim, podemos questionar: Se essa aliança é capaz de modificar as dinâmicas sociais, qual seria seu potencial de contribuir com o desenvolvimento da ciência, da tecnologia e da informação?

Essa reflexão inicial serve para pensarmos na importância que as Geotecnologias têm atualmente, não apenas no âmbito do aproveitamento direto da sociedade – por exemplo, com o uso de aplicativos de navegação –, mas também como ferramenta de auxílio na compreensão de fenômenos que ocorrem no espaço geográfico em diversas áreas, como as Ciências da Terra, Biológicas, Exatas e de Saúde, além da Engenharia e da Arquitetura.

A análise espacial é realizada por meio de um processo que permite aliar a localização de qualquer objeto ou fenômeno na superfície terrestre com suas características e as características do entorno, processo ao qual denominamos *Geoprocessamento*. Neste livro, nossa intenção é que você compreenda quais são as bases científicas da análise espacial de fenômenos e, principalmente, o que é o Geoprocessamento e quais são sua utilidade e seu potencial neste século.

No Capítulo 1, examinaremos conceitos essenciais para a compreensão do Geoprocessamento, esclarecendo, ainda, a relação desse processo com a Geografia. Em seguida, apresentaremos aplicações e exemplos de como essa área funciona no dia a dia. No Capítulo 2, trataremos de assuntos fundamentais para o entendimento do Geoprocessamento e que permeiam a Cartografia e a Geodésia, como escala, projeções cartográficas e sistemas de coordenadas. No Capítulo 3, abordaremos a aquisição de dados geoespaciais, versando sobre como, por que e de onde os dados provêm, a fim de garantir que todo o processo de criação da informação geoespacial tenha a qualidade necessária. Por fim, no Capítulo 4, enfocaremos os Sistemas de Informação Geográfica (SIGs), área de extrema relevância para o profissional bacharel em Geografia e formado em outras carreiras.

Nesta obra, além do conteúdo conceitual, apresentaremos algumas dicas práticas que auxiliam na compreensão da aplicação desses fundamentos. Por isso, abordaremos a análise espacial, o Geoprocessamento e as Geotecnologias de maneira sistematizada e didática, de modo que você possa tirar o maior proveito desse conteúdo, sendo capaz de aplicar algumas dessas técnicas em sua área de conhecimento.

Como aproveitar ao máximo este livro

Empregamos nesta obra recursos que visam enriquecer seu aprendizado, facilitar a compreensão dos conteúdos e tornar a leitura mais dinâmica. Conheça a seguir cada uma dessas ferramentas e saiba como estão distribuídas no decorrer deste livro para bem aproveitá-las.

Introdução do capítulo
Logo na abertura do capítulo, informamos os temas de estudo e os objetivos de aprendizagem que serão nele abrangidos, fazendo considerações preliminares sobre as temáticas em foco.

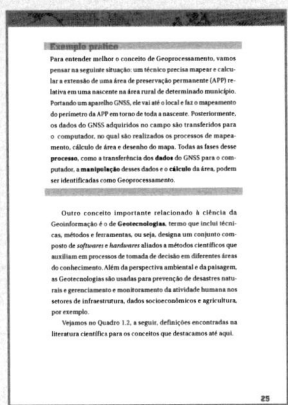

Exemplo prático
Nesta seção, articulamos os tópicos em pauta a acontecimentos históricos, casos reais e situações do cotidiano a fim de que você perceba como os conhecimentos adquiridos são aplicados na prática e como podem auxiliar na compreensão da realidade.

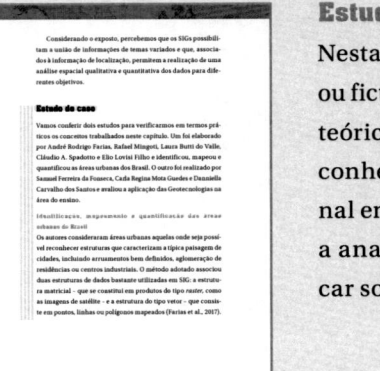

Estudo de caso
Nesta seção, relatamos situações reais ou fictícias que articulam a perspectiva teórica e o contexto prático da área de conhecimento ou do campo profissional em foco com o propósito de levá-lo a analisar tais problemáticas e a buscar soluções.

Fique atento!
Ao longo de nossa explanação, destacamos informações essenciais para a compreensão dos temas tratados nos capítulos.

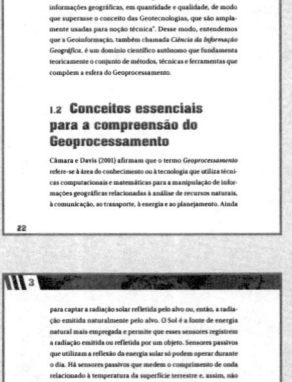

Perguntas & respostas
Nesta seção, respondemos a dúvidas frequentes relacionadas aos conteúdos do capítulo.

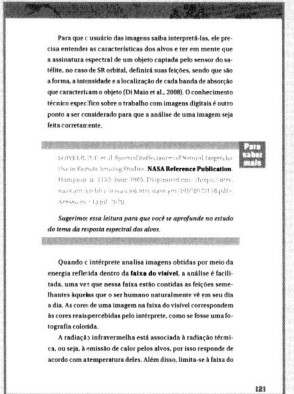

Para saber mais

Sugerimos a leitura de diferentes conteúdos digitais e impressos para que você aprofunde sua aprendizagem e siga buscando conhecimento.

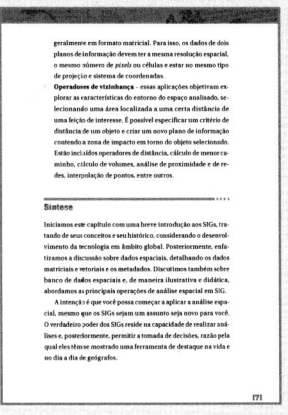

Síntese

Ao final de cada capítulo, relacionamos as principais informações nele abordadas a fim de que você avalie as conclusões a que chegou, confirmando-as ou redefinindo-as.

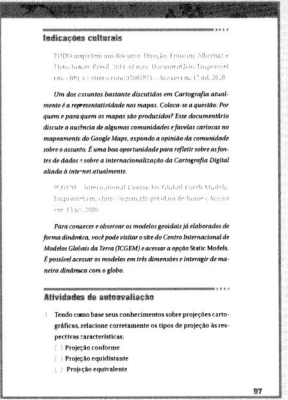

Indicações culturais

Para ampliar seu repertório, indicamos conteúdos de diferentes naturezas que ensejam a reflexão sobre os assuntos estudados e contribuem para seu processo de aprendizagem.

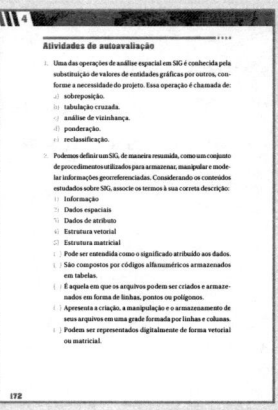

Atividades de autoavaliação

Apresentamos estas questões objetivas para que você verifique o grau de assimilação dos conceitos examinados, motivando-se a progredir em seus estudos.

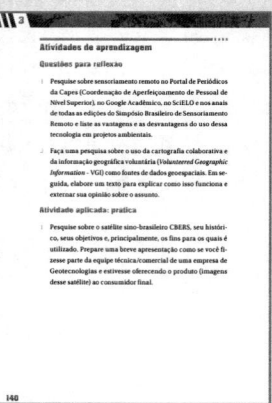

Atividades de aprendizagem

Aqui apresentamos questões que aproximam conhecimentos teóricos e práticos a fim de que você analise criticamente determinado assunto.

Bibliografia comentada

Nesta seção, comentamos algumas obras de referência para o estudo dos temas examinados ao longo do livro.

I

Geoprocessamento e a ciência geográfica no século XXI

Bruna Daniela de Araujo Taveira

A introdução de tecnologias na sociedade e no ensino em escala cada vez maior levou a análise de dados e sua relação com o espaço para o ambiente computacional. Com isso, o Geoprocessamento vem ganhando espaço em diferentes áreas do conhecimento além das Ciências da Terra. Neste capítulo, exploraremos o conceito de Geoprocessamento e apresentaremos sua relevância no desenvolvimento de pesquisas e projetos na área técnica. O tema será tratado por meio de teorias consolidadas nas Ciências Geoespaciais e da Terra e de exemplos de aplicação em diferentes ramos do conhecimento.

1.1 Geografia e Geoinformação

A análise do espaço geográfico ganhou uma nova perspectiva na última década com o avanço das Ciências Geoinformacionais. A *Geoinformação*, conforme o próprio nome indica, inclui informações **temáticas** aliadas à **localização** de objetos organizados no **espaço**. Ao contemplarmos um mapa, principalmente os mapas em meio digital, que têm caráter dinâmico ou colaborativo, como os aplicativos de localização para celular, estamos diante de um produto do desenvolvimento da Geoinformação.

Na ciência geográfica, a Geoinformação torna-se parte de um conjunto de concepções cuja finalidade é a análise espacial de um objeto ou fenômeno no espaço cujo resultado é representado computacionalmente. Assim, a Geoinformação conta com um **banco de dados**, os quais são **geridos** e **processados**, permitindo sua **análise** e **representação** gráfica. Observe a Figura 1.1, a seguir.

Figura 1.1 – Esquema de representação da Geoinformação e suas inter-relações

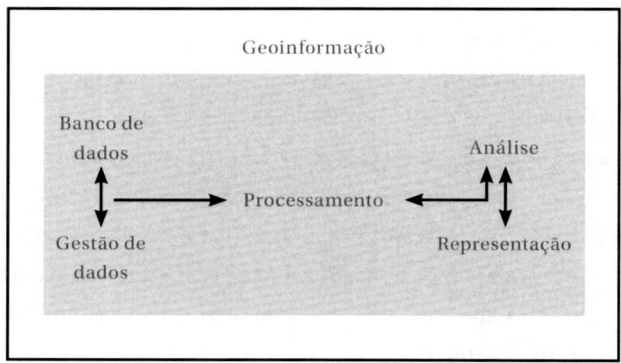

Fonte: Elaborado com base em Braz; Oliveira; Cavalcanti, 2019, p. 26.

Para a Geografia, o avanço da representação computacional para análise de fenômenos é de grande importância e perpassa diferentes correntes do pensamento geográfico. Segundo Câmara, Monteiro e Medeiros (2001), tanto a Geografia Quantitativa quanto a Geografia Crítica colaboram para a evolução da análise e da representação do espaço geográfico por meio das tecnologias de informação geográfica. Os autores afirmam que a **Geografia Crítica** aponta para a importância dos conceitos e da semântica dos objetos e das ações que compõem o espaço, levando a uma reflexão sobre a complexidade dos fenômenos geográficos dinâmicos que precisam ser representados computacionalmente. Já a **Geografia Quantitativa** tem sua contribuição justamente na busca de uma forma lógica e matemática de análise e interpretação de dados.

O uso e o desenvolvimento da Geoinformação são alienados do uso de técnicas computacionais, o que significa que, ao analisar ou representar dados geográficos por meio da Geoinformação, é preciso "traduzir" esses dados para uma linguagem computacional. Esse é um dos maiores desafios da representação de dados, principalmente quando se consideram dados geográficos dinâmicos no tempo e no espaço. Embora a representação dos dados seja um desafio, o estudo da Geoinformação tem tido grande avanço nos últimos anos, tendo em vista o desenvolvimento de tecnologias especializadas e a abertura de acesso à informação espacial.

Apesar de se apresentarem como uma importante ferramenta, as técnicas presentes na ciência da Geoinformação não são capazes de representar, isoladamente, as diferentes concepções existentes a respeito do espaço geográfico, pois, para isso, faz-se necessário o apoio do conhecimento gerado por outros ramos da ciência.

De acordo com Florenzano (2008), é fundamental dar importância às teorias que permeiam a área temática do objeto de estudo, pois a falta de conhecimento específico pode impossibilitar o uso adequado das Geotecnologias e a análise dos dados, fazendo com que os resultados sejam inconsistentes. Corroborando essa colocação, Silva, Rocha e Aquino (2016, p. 181) alertam que

> compreender a organização do espaço geográfico a partir do uso de Geotecnologias não significa deixar este entendimento à mercê das novas ferramentas. Logo, compete ao pesquisador reconhecer e ponderar sobre as perspectivas e nuanças teórico-metodológicas a partir das quais a sua ciência tem sido praticada ao longo das décadas.

Atualmente, a Geografia faz uso de técnicas avançadas em Sistemas de Informação Geográfica (SIGs) para interpretar e analisar o ambiente, sendo inevitável, assim, a interdisciplinaridade inerente ao processo. Isso se aplica a problemas que podem ser considerados "especificamente geográficos", como a distribuição da população em determinada cidade. Nesse caso, seria preciso levar em conta alguns aspectos que dizem respeito à demografia e ao urbanismo, por exemplo. No entanto, um estudo sobre a ocorrência de focos de incêndio em determinado bioma e as consequências para a vegetação demandaria conhecimentos específicos da área de Botânica ou de Biologia. Além disso, existem os questionamentos de outras áreas, como a de Saúde, que requer o emprego de conhecimentos sobre a movimentação de vetores transmissores de doenças, a localização de focos de possíveis epidemias, entre outros exemplos que envolvem o tema da saúde somado à questão da localização ou espacialização.

Sobre esse contexto, Câmara e Monteiro (2001) apresentam alguns exemplos de utilização de SIGs aplicados a áreas do conhecimento distintas, conforme apresentado no Quadro 1.1.

Quadro 1.1 – Problemas de diferentes áreas do conhecimento que podem ser solucionados com base na ciência da Geoinformação

Área do conhecimento	Exemplo
Sociologia	Compreender e dimensionar fenômenos de exclusão social em uma metrópole.
Ecologia	Quantificar os remanescentes florestais de uma área de Mata Atlântica por meio da noção de fragmento típico da ecologia de paisagem.
Geologia	Identificar a posição de um mineral em uma área de interesse por meio de amostras de campo.

Fonte: Elaborado com base em Câmara; Monteiro, 2001, cap. 2, p. 1.

Tendo em vista o vasto campo de aplicabilidade da Geoinformação, cabe, aqui, fazer um recorte conceitual para delimitarmos o assunto deste livro. O Geoprocessamento está no centro dos processos de análise espacial e, consequentemente, faz parte da Geoinformação, o que estabelece uma ligação entre ele, essa ciência e outros conceitos inerentes a esse cenário. Confira a Figura 1.2, a seguir.

Figura 1.2 – Concepção multidisciplinar da Geoinformação

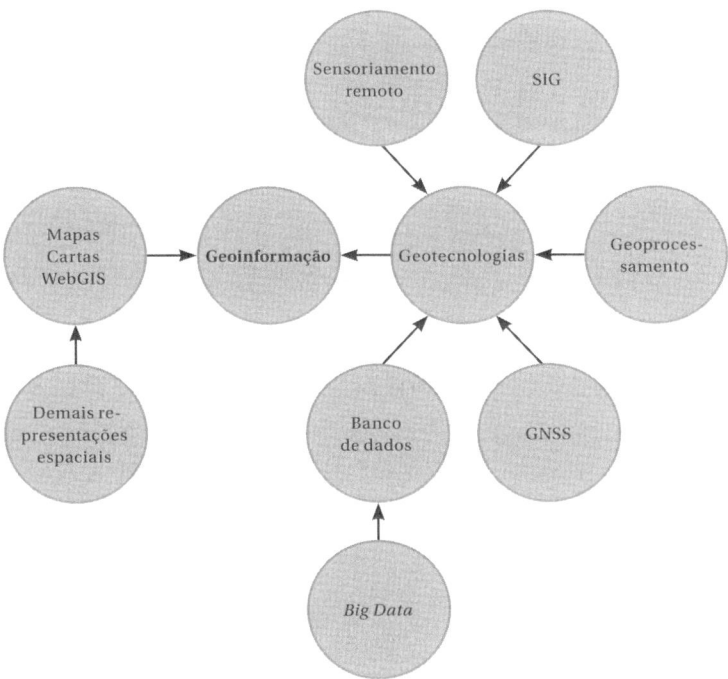

Fonte: Braz; Oliveira; Cavalcanti, 2019, p. 24.

Ao observarmos a Figura 1.2, percebemos que a Geoinformação está em uma posição central, ponto de encontro entre a representação visual de dados (mapas, cartas, WebGIS e demais representações) e o conjunto formado pelas Geotecnologias, utilizadas para adquirir, processar, manipular e armazenar dados espaciais. Assim, a Geoinformação é um conceito amplo que abarca todo esse conjunto de Geotecnologias, incluindo ainda aspectos da Cartografia.

> **Fique atento!**
>
> **WebGIS** é uma plataforma de SIG em um ambiente *web*.
>
> **Big Data** é um conjunto de dados de grande volume, variedade e velocidade que, por meio de ferramentas adequadas, é capturado, analisado e catalogado em tempo real.

Segundo Braz, Oliveira e Cavalcanti (2019, p. 23), "O conceito de Geoinformação supre uma antiga necessidade para abordar informações geográficas, em quantidade e qualidade, de modo que superasse o conceito das Geotecnologias, que são amplamente usadas para noção técnica". Desse modo, entendemos que a Geoinformação, também chamada *Ciência da Informação Geográfica*, é um domínio científico autônomo que fundamenta teoricamente o conjunto de métodos, técnicas e ferramentas que compõem a esfera do Geoprocessamento.

1.2 Conceitos essenciais para a compreensão do Geoprocessamento

Câmara e Davis (2001) afirmam que o termo *Geoprocessamento* refere-se à área do conhecimento ou à tecnologia que utiliza técnicas computacionais e matemáticas para a manipulação de informações geográficas relacionadas à análise de recursos naturais, à comunicação, ao transporte, à energia e ao planejamento. Ainda de acordo com os autores: *"'Se **onde** é importante para seu negócio, então Geoprocessamento é sua ferramenta de trabalho'*. Sempre que o **onde** aparece, dentre as questões e problemas que precisam ser resolvidos por um sistema informatizado, haverá uma oportunidade para considerar a adoção de um SIG" (Câmara; Davis, 2001, cap. 1, p. 2, grifo do original). Em resumo, podemos afirmar que o Geoprocessamento é o meio pelo qual podemos transformar **dados georreferenciados** (informações sobre coordenadas de latitude e longitude) em **informação**. Observe a Figura 1.3, que ilustra essa relação.

Figura 1.3 – Representação didática da diferença entre dado e informação

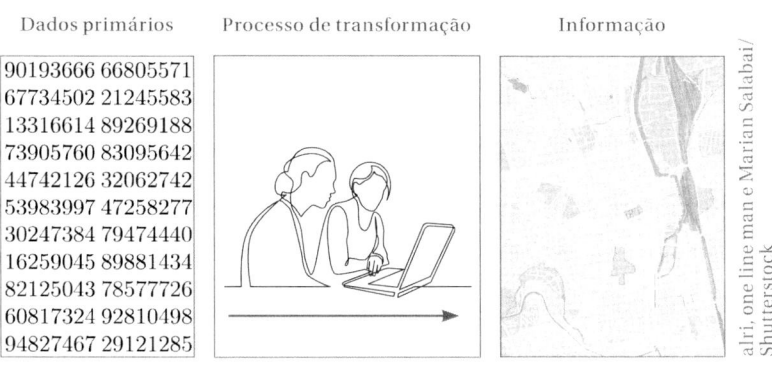

Fonte: Elaborado com base em Menezes; Fernandes, 2003.

Para Menezes e Fernandes (2003), uma informação geográfica precisa apresentar três atributos básicos: (1) espacial, (2) descritivo e (3) temporal. O **atributo espacial** diz respeito à localização, isto é, ao posicionamento em relação a um sistema de coordenadas conhecido, à forma, à dimensão e às relações geométricas entre as entidades espaciais; o **atributo descritivo**, por sua vez, refere-se às características que definem ou qualificam a entidade;

e, porim, o **atributo temporal** relaciona-se com a época de ocorrência do fenômeno geográfico.

Para a realização do Geoprocessamento, é necessário dispor de *softwares* específicos e de profissionais que tenham conhecimento na manipulação de tais ferramentas. É nesse cenário que surgem os já mencionados **Sistemas de Informação Geográfica (SIGs)** – importante conceito associado ao campo –, que, como o próprio nome indica, são sistemas que possibilitam a armazenagem, a manipulação, a análise e a representação de dados espaciais.

O *Global Navigation Satellite System* – **GNSS** (Sistema Global de Navegação por Satélite), ilustrado na Figura 1.4, é uma das formas de aquisição de dados espaciais mais populares. Outra forma bastante conhecida no ramo da Geoinformação é o **Sensoriamento Remoto (SR)**, que pode ser definido como a "ciência e a arte de coletar dados ou informações de um objeto a partir da energia refletida por esse objeto" (Bolfe et al., 2014, p. 33). Em análise espacial, os sensores que fazem a coleta das informações podem estar alocados em satélites, aeronaves ou veículos aéreos não tripulados, por exemplo, fornecendo, por meio de radar, imagens e informações de áreas de interesse para estudos, pesquisas ou projetos.

Figura 1.4 – Exemplo de aparelho GNSS

LensMT/Shutterstock

Exemplo prático

Para entender melhor o conceito de Geoprocessamento, vamos pensar na seguinte situação: um técnico precisa mapear e calcular a extensão de uma área de preservação permanente (APP) relativa em uma nascente na área rural de determinado município. Portando um aparelho GNSS, ele vai até o local e faz o mapeamento do perímetro da APP em torno de toda a nascente. Posteriormente, os dados do GNSS adquiridos no campo são transferidos para o computador, no qual são realizados os processos de mapeamento, cálculo de área e desenho do mapa. Todas as fases desse **processo**, como a transferência dos **dados** do GNSS para o computador, a **manipulação** desses dados e o **cálculo** da área, podem ser identificadas como Geoprocessamento.

Outro conceito importante relacionado à ciência da Geoinformação é o de **Geotecnologias**, termo que inclui técnicas, métodos e ferramentas, ou seja, designa um conjunto composto de *softwares* e *hardwares* aliados a métodos científicos que auxiliam em processos de tomada de decisão em diferentes áreas do conhecimento. Além da perspectiva ambiental e da paisagem, as Geotecnologias são usadas para prevenção de desastres naturais e gerenciamento e monitoramento da atividade humana nos setores de infraestrutura, dados socioeconômicos e agricultura, por exemplo.

Vejamos no Quadro 1.2, a seguir, definições encontradas na literatura científica para os conceitos que destacamos até aqui.

Quadro I.2 – Conceitos-chave em geoprocessamento

Conceito	Definição	Autoria
Geoprocessamento	"Consiste no uso de ferramentas computacionais para tratamento e análise de dados geográficos. O conjunto dessas ferramentas, integrado em Sistemas de Informação Geográfica (SIGs ou GIS na sigla em inglês), permite analisar e cruzar dados oriundos de diversas fontes, facilitando a extração de informação e a tomada de decisão."	Victoria et al., 2014, p. 94.
Geoprocessamento	"O geoprocessamento pode ser definido como sendo o conjunto de tecnologias destinadas a coleta e tratamento de informações espaciais, assim como o desenvolvimento de novos sistemas e aplicações, com diferentes níveis de sofisticação. Em linhas gerais o termo geoprocessamento pode ser aplicado a profissionais que trabalham com cartografia digital, processamento digital de imagens e sistemas de informação geográfica."	Rosa, 2013, p. 59.
Sistemas de Informação Geográfica (SIGs)	Tecnologia já bastante difundida no país, trata-se de uma estrutura de programação (pacote de programas) que permite a captura, o armazenamento, a atualização e a exibição de dados, bem como, acima de tudo, análises e integrações ambientais.	Mirandola, 2004.
Sistemas de Informação Geográfica (SIGs)	"Um SIG pode ser definido como um sistema destinado à aquisição, armazenamento, manipulação, análise, simulação, modelagem e apresentação de dados referidos espacialmente na superfície terrestre, integrando diversas tecnologias [...]. Portanto, o sistema de informação geográfica é uma particularidade do sistema de informação sentido amplo."	Rosa, 2013, p. 60.

(continua)

(Quadro 1.2 - conclusão)

Conceito	Definição	Autoria
GNSS (Sistema Global de Navegação por Satélite)	"constelação de satélites que possibilita o posicionamento em tempo real de objetos, bem como a navegação em terra ou mar. Esses sistemas são utilizados em diversas áreas, como mapeamentos topográficos e geodésicos, aviação, navegação marítima e terrestre, monitoramento de frotas, demarcação de fronteiras, agricultura de precisão, entre outros usos."	IBGE, 2020a.
Sensoriamento Remoto (SR)	"Utilização conjunta de sensores. Equipamentos para processamento de dados, equipamentos de transmissão de dados colocados a bordo de aeronaves, espaçonaves, ou outras plataformas, com o objetivo de estudar eventos, fenômenos e processos que ocorrem na superfície do planeta Terra a partir do registro e da análise das interações entre radiação eletromagnética e as substâncias que o compõem em suas mais diversas manifestações."	Novo, 2010, p. 28.
Geotecnologias	"conjunto de tecnologias para coleta, processamento, análise e disponibilização de informações com referência geográfica. São compostas por soluções de hardware, software e peopleware que juntas constituem-se em poderosos instrumentos como suporte a tomada de decisão. Dentre as geotecnologias podemos destacar: a cartografia digital, o sensoriamento remoto, o sistema de posicionamento global, o sistema de informação geográfica."	Rosa, 2013, p. 6.
Geotecnologias	"***Geotecnologia*** reúne o conjunto de ciências e tecnologias relacionadas à aquisição, armazenamento em bancos de dados, processamento e desenvolvimento de aplicações utilizando informações **georreferenciadas** (ou **geoinformações**). De modo mais específico, ela engloba, de forma isolada ou em conjunto, o Sensoriamento Remoto, a Cartografia Digital, os Sistemas de Informações Georreferenciadas, a Aerogeofísica e a Geoestatística."	Souza Filho; Crósta, 2003, p. 1, grifo do original.

Atualmente, graças à evolução tecnológica que tem ocorrido desde a década de 1960, a Geotecnologia conta com mapeamento multimídia sofisticado, como o Google Earth, mapeamento *on-line* colaborativo, realidade virtual, entre outros recursos, fazendo com que essa ciência seja reconhecida pelo Departamento de Trabalho dos Estados Unidos como uma das três megatecnologias do século XXI, juntamente com a Biotecnologia e a Nanotecnologia (Berry; Mehta, 2009). No entanto, nos bastidores do que os autores chamam de *mapeamento multimídia sofisticado* está a relação estreita da Geotecnologia com os demais conceitos que vimos no Quadro 1.2.

Observe a Figura 1.5, que apresenta uma abordagem integrada do conceito de Geotecnologia.

Figura 1.5 – Organização dos componentes de análise espacial

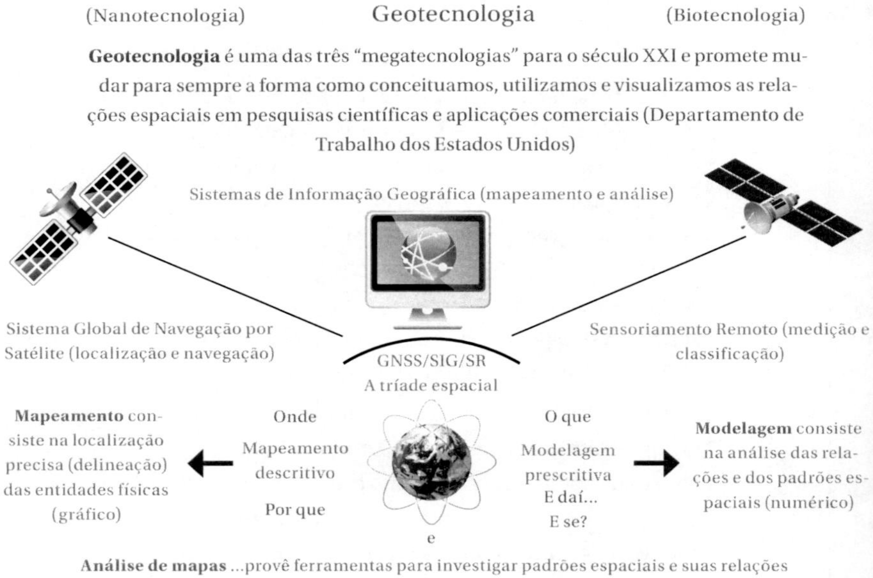

(Nanotecnologia) Geotecnologia (Biotecnologia)

Geotecnologia é uma das três "megatecnologias" para o século XXI e promete mudar para sempre a forma como conceituamos, utilizamos e visualizamos as relações espaciais em pesquisas científicas e aplicações comerciais (Departamento de Trabalho dos Estados Unidos)

Sistemas de Informação Geográfica (mapeamento e análise)

Sistema Global de Navegação por Satélite (localização e navegação)

Sensoriamento Remoto (medição e classificação)

GNSS/SIG/SR
A tríade espacial

Mapeamento consiste na localização precisa (delineação) das entidades físicas (gráfico)

Onde
Mapeamento descritivo
Por que

O que
Modelagem prescritiva
E daí...
E se?

Modelagem consiste na análise das relações e dos padrões espaciais (numérico)

Análise de mapas ...provê ferramentas para investigar padrões espaciais e suas relações

Fonte: Berry; Mehta, 2009, p. 2, tradução nossa.

Media Guru e Golden Sikorka/Shutterstock

Na figura, à esquerda, há a representação de um satélite, que serve como plataforma para um transmissor GNSS, o qual transmite o sinal para os receptores na superfície terrestre – tal como o aparelho apresentado na Figura 1.4 –, possibilitando a confecção de produtos cartográficos georreferenciados. Esses dados são processados e manipulados por usuários dos SIGs (conjunto de *hardwares* e *softwares* adequados para diferentes objetivos de análise espacial), representados, no centro da imagem, por um computador. À direita, encontramos a ilustração de outro satélite, que serve como plataforma para um sensor de captação da energia refletida pelos objetos na superfície terrestre, denotando o SR. Berry e Mehta (2009) chamam esse conjunto (GNSS – SIG – SR) de *tríade espacial*.

Essa tríade prevê a base necessária para o processo de transformação dos dados coletados pelo GNSS e pelo SR em informação por meio do SIG. Em outras palavras, o conjunto de tecnologias formado pela tríade espacial viabiliza a prática do Geoprocessamento. Berry e Mehta (2009) ainda dividem em dois tipos as análises possíveis: mapeamento e modelagem. O **mapeamento** é a representação gráfica com acurácia de localização e em escala das feições da superfície terrestre. Já a **modelagem** está associada a uma representação numérica computacional de cenários possíveis para determinado fenômeno variável no tempo e no espaço.

Exemplo prático

Um pesquisador deseja criar um modelo da evolução do desmatamento da Amazônia, desenhando um possível cenário. Primeiramente, é necessário que ele faça a representação computacional daquele espaço no momento atual (mapeamento) e conheça a dinâmica histórica da evolução do desmatamento nas últimas décadas por meio do comparativo e do cálculo da evolução de áreas desmatadas. De posse desses dados, ele pode, então, definir um padrão ou uma tendência de desmatamento e elaborar possíveis cenários (modelagem) com base em diferentes premissas (pessimista ou otimista, por exemplo). Portanto, o processo de mapeamento responde às perguntas "Onde?" e "O quê?", ao passo que a modelagem procura responder às perguntas "Quando?" e "E se?".

Com base no exemplo, podemos concluir que, para uma modelagem das dinâmicas e das tendências de qualquer fenômeno variável no espaço e no tempo, é preciso que haja a representação espacial histórica desse fenômeno, visando reconhecer padrões e tendências de evolução.

Quando tratamos de modelagem, outro conceito importante relacionado ao Geoprocessamento é o de **Geoestatística**. Segundo Yamamoto e Landim (2013, p. 19), "A geoestatística tem por objetivo a caracterização espacial de uma variável de interesse por meio do estudo de sua distribuição e variabilidade espaciais, com determinação das incertezas associadas". Ainda de acordo com os autores, o ponto de partida da Geostatística é "um conjunto de observações que constituem uma amostra" (Yamamoto; Landim, 2013, p. 19). Desse modo, os pontos amostrais são utilizados para estimar o fenômeno espacial em locais onde não há observação.

Em Geoprocessamento, trabalha-se muito com a **interpolação**, que é o processo que reproduz as características de um fenômeno espacial com base em amostras (Yamamoto; Landim, 2013). Conforme Sturaro (2015), para reproduzir, estimar ou regionalizar algum fenômeno natural em um local onde não há informação específica, é necessário um modelo de tendência ou padrão de comportamento do fenômeno natural que originou as variáveis do estudo no qual se deseja aplicar a interpolação.

Outro aspecto importante quando se trata de interpolação ou de qualquer outro tipo de modelo feito com base em amostras é a atenção do profissional. É válido destacar que a decisão do profissional e a qualidade dos dados iniciais é que vão determinar a excelência do resultado final. Assim, apesar de toda a tecnologia computacional disponível, o fator humano ocupa o lugar de maior importância no Geoprocessamento, tendo em vista que é do profissional a tomada de decisão sobre quais dados usar, como adequá-los ao objetivo do trabalho e quais ferramentas aplicar em cada caso.

1.3 Representação de dados em ambiente computacional

Ao manipularmos dados em um SIG, estamos modelando a realidade em uma estrutura matemática na tentativa de compreender melhor os fenômenos que ocorrem no espaço. Toda ciência precisa criar um determinado modelo para compreender seu objeto de estudo, isto é, encontrar uma forma de representar esse objeto para tratá-lo na condição de pesquisa. Com isso, são criados, por exemplo, modelos matemáticos, correntes teóricas de pensamento e modelos físicos de processos naturais.

Ao considerar a classificação de determinado tipo de solo, por exemplo, é preciso criar uma classe que se encaixe em padrões físico-químicos mensuráveis. Assim, a partir da observação e da análise desse solo, é possível encaixá-lo em uma classe; o solo precisa ser composto de tal forma que os dados de textura, matéria orgânica, composição mineral e cor estejam dentro de um limite que o classifica como determinado tipo de solo. Os dados têm de fazer parte de um conjunto que apresenta características similares para que solos semelhantes possam ser agrupados, classificados e, então, estudados.

O dinamismo da natureza e da sociedade torna complexa sua representação, assim como ocorre com os dados que se busca tratar em um SIG.

Exemplo prático

Para realizar a espacialização da população rural e urbana em um município, são necessários os seguintes dados: localização e número de habitantes da população rural, localização e número de habitantes da população urbana, limite territorial municipal, limite urbano e limite rural do município. Para que esses dados existam, é preciso que seja feita uma classificação prévia do que é rural ou urbano e de quais são as características que classificam uma população e um território como rural ou urbanos. Dessa forma, cria-se um limite dentro do território municipal que separa o setor urbano do setor rural e define-se que a população que reside dentro do limite do setor urbano é a população urbana do município e a população que reside dentro do setor rural é a população rural do município.

Segundo Câmara e Monteiro (2001, cap. 2, p. 1), trabalhar com Geoinformação significa "utilizar computadores como instrumentos de representação de dados espacialmente referenciados. Deste modo, o problema fundamental da Ciência da Geoinformação é o estudo e a implementação de diferentes formas de representação computacional do espaço geográfico".

1.3.1 Universos de representação

Tendo em vista a complexidade de representação de dados computacionais, Gomes e Velho (1995, citados por Câmara; Monteiro, 2001) apresentam o conceito de **paradigma dos quatro universos**, assim definidos:

1. **Universo do mundo real** – inclui as entidades do mundo real tal como são, ou seja, nesse universo estão os fenômenos a serem representados no computador, como tipos de solo, classes de uso da terra e dados topográficos.
2. **Universo matemático** – trata-se do universo conceitual, em que os dados são classificados em contínuos ou objetos individualizáveis e, na sequência, classificados de acordo com características em comum.
3. **Universo de representação** – é aquele no qual ocorre a representação geométrica das entidades classificadas no universo matemático. A representação sofre a influência da proporção entre o objeto real e o representado, da projeção cartográfica e do período de aquisição dos dados.
4. **Universo de implementação** – é o universo no qual ocorre a realização do modelo de dados pela linguagem de programação, ou seja, são implantados os arquivos alfanuméricos que farão a representação dos dados no ambiente computacional.

A categorização e a representação são aspectos que dependem do objetivo do usuário do SIG: se a intenção é realizar um estudo detalhado das categorias florestais na Amazônia, então é preciso que seja feito um mapeamento em grande escala, diferenciando-se o máximo possível os estágios florestais e suas características; já no caso de os fins serem exploratórios, o mapeamento em detalhe torna-se um empecilho. Dessa forma, é importante saber também que o objetivo da análise em Geoprocessamento é o principal determinante para os demais passos que envolvem a modelagem e a representação de dados.

1.4 Aplicações de Geoprocessamento

O Geoprocessamento é amplamente utilizado por instituições de ensino e organizações públicas ou privadas, como ministérios, órgãos e agências reguladoras, prefeituras de municípios, empresas de engenharia e consultoria e profissionais liberais. Uma instituição pública geralmente faz uso do Geoprocessamento em análise de projetos e pedidos de licenciamento ambiental ou, ainda, em desenvolvimento de projetos urbanos. Já a iniciativa privada emprega esse tipo de tecnologia para compor diferentes tipos de trabalho que requeiram levantamento de campo e mapeamento. Davis e Câmara (2001) dividem a aplicação do Geoprocessamento no Brasil em seis vertentes, conforme descrito no Quadro 1.3.

Quadro 1.3 – Segmentos de aplicação do Geoprocessamento no Brasil

Segmento	Descrição
1) Cadastral	"aplicações de cadastro urbano e rural, realizadas tipicamente por Prefeituras, em escalas que usualmente variam de 1:1.000 a 1:20.000. A capacidade básica de SIG's para atender este setor é dispor de funções de consulta a bancos de dados espaciais e apresentação de mapas e imagens."
2) Cartografia automatizada	"realizada por instituições produtoras de mapeamento básico e temático. Neste caso, é essencial dispor de ferramentas de aerofotogrametria digital e técnicas sofisticadas de entrada de dados (como digitalizadores ópticos) e de produção de mapas (como gravadores de filme de alta resolução)."
3) Ambiental	"instituições ligadas às áreas de Agricultura, Meio Ambiente, Ecologia e Planejamento Regional, que lidam com escalas típicas de 1:10.000 a 1:500.000. As capacidades básicas do SIG's para atender a este segmento são: integração de dados, gerenciamento e conversão entre projeções cartográficas, modelagem numérica de terreno, processamento de imagens e geração de cartas."
4) Concessionárias/Redes	"neste segmento, temos as concessionárias de serviços (Água, Energia Elétrica, Telefonia). As escalas de trabalho típicas variam entre 1:1.000 a 1:5.000. Cada aplicação de rede tem características próprias e com alta dependência de cada usuário. Os SIG's para redes devem apresentar duas características básicas: a forte ligação com bancos de dados relacionais e a capacidade de adaptação e personalização [...]."

(continua)

(Quadro 1.3 - conclusão)

Segmento	Descrição
5) Planejamento rural	"neste segmento, temos as empresas agropecuárias que necessitam planejar a produção e distribuição de seus produtos. As escalas de trabalho típicas variam entre 1:1.000 a 1:50.000. Cada aplicação tem características próprias e com alta dependência de cada usuário. Os SIG's devem apresentar duas características básicas: a forte ligação com bancos de dados relacionais e a capacidade de adaptação [...]."
6) *Business Geographic*	"neste segmento, temos as empresas que necessitam distribuir equipes de vendas e promoção ou localizar novos nichos de mercado. As escalas de trabalho típicas variam entre 1:1.000 a 1:10.000. Cada aplicação tem características próprias e com alta dependência de cada usuário. As ferramentas de SIG devem prover meios de apresentação dos bancos de dados espaciais para fins de planejamento de negócios. Em especial, os SIG's devem ser adaptados ao cliente, com ferramentas de particionamento e segmentação do espaço para a localização de novos negócios e alocação de equipes."

Fonte: Elaborado com base em Davis; Câmara, 2001, cap. 3, p. 29-30.

Agora, observe a Figura 1.6, a seguir, que apresenta alguns exemplos de como o Geoprocessamento tem sido utilizado nas esferas pública e privada.

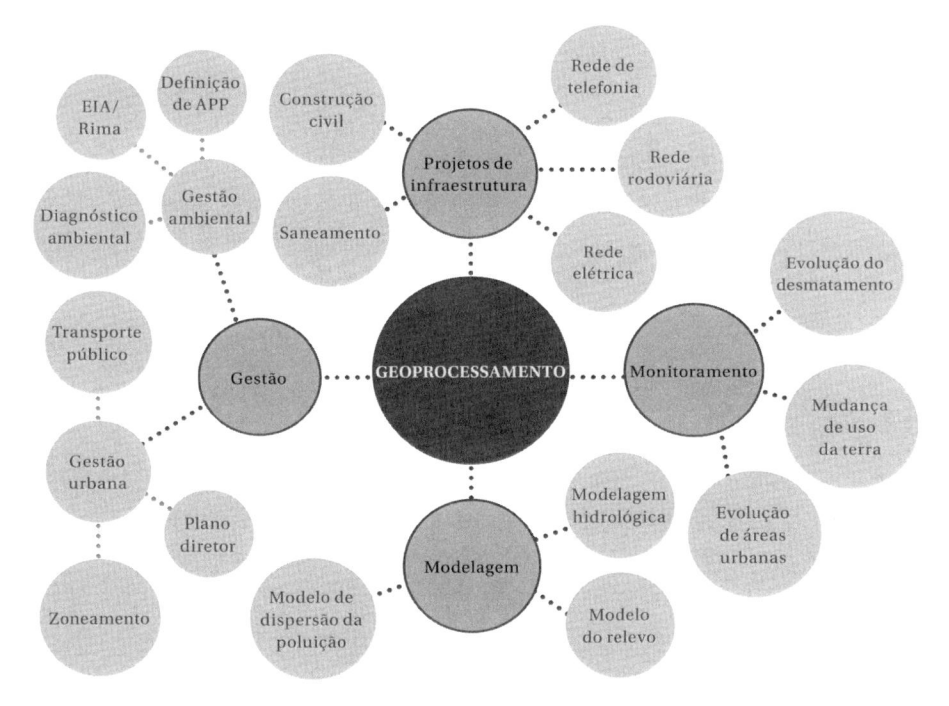

Figura 1.6 – Diferentes ramos de aplicação do Geoprocessamento

Além do ramo técnico, o Geoprocessamento tem servido como uma poderosa ferramenta nas avaliações científicas. Atualmente, modelos ambientais mais complexos estão acoplados em um SIG a fim de considerar a variabilidade espacial dos fenômenos. Os modelos hidrológicos distribuídos, por exemplo, utilizam a tecnologia SIG para distribuir o ciclo hidrológico pela bacia hidrográfica, possibilitando a avaliação da influência de diferentes variáveis espaciais (tipo de solo, vegetação) em cada uma das fases do processo hidrológico.

1.4.1 Geoprocessamento na prática

Para iniciarmos a discussão deste tópico, vejamos um exemplo hipotético.

Exemplo prático

Digamos que uma grande empresa de fabricação de bebidas pretenda se instalar em um município no Estado de São Paulo. Essa empresa precisará de água tanto para uso doméstico (como limpeza da empresa, maquinário, higiene dos funcionários) quanto para o processo de fabricação de suas bebidas. Dessa forma, a empresa opta por requerer uma autorização para retirada de água de um rio próximo e para perfuração de um poço, cuja água será usada para a fabricação das bebidas.

Tendo em vista que o rio se encontra, em todo o seu percurso, dentro dos limites do Estado de São Paulo, a empresa precisa pedir autorização do órgão estadual responsável pela gestão da água. Esse pedido deve vir acompanhado de um projeto, com projeção de uso para os próximos anos, estudo de estimativa de disponibilidade hídrica, entre outras informações ambientais que atestam que a retirada de água no local não prejudicará outros usos ou trará impactos demasiadamente danosos para o ecossistema local.

Para realizar esse tipo de estudo, é necessário **integrar** dados ambientais e antrópicos diversos, a saber: tamanho da população local, consumo de água dessa população e diferentes usos da terra que compõem a área da região. Por exemplo, havendo na área algum cultivo agrícola, é preciso saber se a água é usada para irrigação, qual é o tamanho da área e qual é o volume de água consumido. Para **relacionar** esses dados e desenvolver um projeto integrado com vistas à viabilidade da instalação da empresa no local, é necessário fazer uma análise espacial dos fatores.

Tendo em vista essa problemática, podemos levantar a seguinte questão: Qual é a função do Geoprocessamento e como ele se relaciona com a análise espacial praticada pelos geógrafos no exercício de suas atividades?

No caso de nosso exemplo, é preciso atentar para o fato de que qualquer alteração no volume de água no local pode afetar a disponibilidade hídrica, ou seja, a quantia de água disponível para a manutenção do ecossistema e para o uso da sociedade. Essa quantificação da água é feita, em grande parte dos casos, considerando-se a bacia hidrográfica como unidade territorial. Ao desenvolver um projeto desse tipo, algumas das primeiras perguntas a serem feitas são: Onde está localizada a bacia hidrográfica e onde estão localizados os diferentes usos da água dentro de seus limites? Qual é a extensão da bacia? Qual é sua área?

Para responder a essas questões, o **profissional que está elaborando o projeto** precisa delimitar a bacia, fazer uma pesquisa dos diferentes usos da água, verificar os diferentes tipos de atividades humanas e distribuí-los dentro dos limites da bacia. Por outro lado, o **profissional que analisa o projeto** deve validar as informações e verificar sua viabilidade. Para ambas as atividades, atualmente, o uso do Geoprocessamento e dos SIGs é indispensável.

Os *softwares* que fazem parte dos SIGs permitem a associação de dados gráficos a dados qualitativos e quantitativos a respeito da feição que está sendo representada (que, em nosso exemplo, é a bacia hidrográfica). Veja na Figura 1.7, a seguir, um exemplo de Sistema de Informações Hidrográficas aplicado à gestão de recurso hídricos. A imagem apresenta as outorgas ou autorizações de uso da água nos rios gerenciados pela Agência Nacional de Águas (ANA) no Estado de São Paulo.

Figura 1.7 – Distribuição das outorgas concedidas pela ANA em rios de domínio federal no Estado de São Paulo

Fonte: ANA, 2020.

Considerando o exposto, percebemos que os SIGs possibilitam a união de informações de temas variados e que, associados à informação de localização, permitem a realização de uma análise espacial qualitativa e quantitativa dos dados para diferentes objetivos.

Estudo de caso

Vamos conferir dois estudos para verificarmos em termos práticos os conceitos trabalhados neste capítulo. Um foi elaborado por André Rodrigo Farias, Rafael Mingoti, Laura Butti do Valle, Cláudio A. Spadotto e Elio Lovisi Filho e identificou, mapeou e quantificou as áreas urbanas dos Brasil. O outro foi realizado por Samuel Ferreira da Fonseca, Carla Regina Mota Guedes e Danniella Carvalho dos Santos e avaliou a aplicação das Geotecnologias na área do ensino.

Identificação, mapeamento e quantificação das áreas urbanas do Brasil

Os autores consideraram áreas urbanas aquelas onde seja possível reconhecer estruturas que caracterizam a típica paisagem de cidades, incluindo arruamentos bem definidos, aglomeração de residências ou centros industriais. O método adotado associou duas estruturas de dados bastante utilizadas em SIG: a estrutura matricial – que se constitui em produtos do tipo *raster*, como as imagens de satélite – e a estrutura do tipo vetor – que consiste em pontos, linhas ou polígonos mapeados (Farias et al., 2017).

Farias et al. (2017) utilizaram análise de imagens de satélite associada à base cartográfica dos setores censitários do Brasil elaborada no Censo Demográfico de 2010. O setor censitário consiste em uma unidade do território, com limites físicos contínuos e definidos em função da coleta de dados censitários. Os setores são divididos em urbanos e rurais e, para a elaboração do estudo, os autores separaram os setores cuja denominação era urbana e confrontaram com imagens de satélite recentes de alta resolução espacial. A aplicação desse método permitiu a validação das áreas urbanizadas brasileiras com alto grau de confiabilidade. O estudo demonstrou que as áreas urbanas representam um total de 0,63% do território do país (54.077 km^2); o mapeamento e o cálculo dessas áreas[i] foram feitos por meio do uso do *software* ArcGIS Desktop 10.3.

---

i. O produto final do estudo está disponível em: GEOINFO. **Áreas urbanas no Brasil em 2015**. Disponível em: <http://geoinfo.cnpm.embrapa.br/layers/geonode%3Aareas_urbanas_br_15>. Acesso em: 22 maio 2020.

Mapa 1.1 – Áreas urbanas mapeadas com base em imagens de satélite e setores censitários em estudo elaborado por Farias et al. (2017)

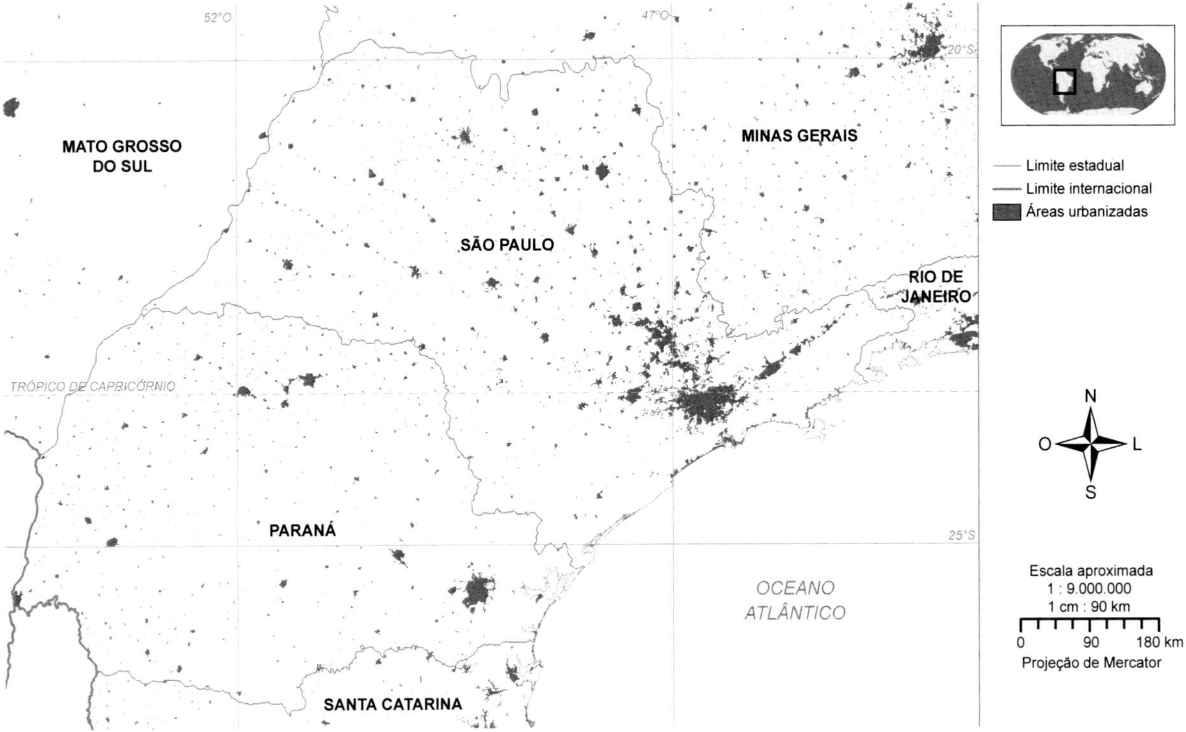

João Miguel Alves Moreira

Fonte: Farias et al, 2017, p. 4.

Mapeamentos urbanos apresentam grande potencial de uso, tendo em vista que, segundo o Censo Demográfico de 2010 (IBGE, 2010), mais de 80% da população brasileira vive nas cidades. O avanço e a otimização do mapeamento das áreas urbanas podem auxiliar no planejamento e no melhoramento dos modais de transporte, no entendimento das dinâmicas e da evolução das ocupações nos espaços urbanos, no planejamento de políticas públicas e na modelagem de dinâmicas epidemiológicas, como o controle da dengue (Matias; Nascimento, 2006; Farias et al.; 2017).

Análise espacial, informática e Geoprocessamento aplicados no ensino médio

Os autores argumentam que o domínio do Geoprocessamento por parte do professor e o uso de tecnologia em sala de aula, tendo em vista o período em que estamos vivendo, despertam o interesse do aluno e auxiliam no processo de aprendizado de Geografia (Fonseca; Guedes; Santos, 2017).

No estudo, Fonseca, Guedes e Santos (2017) apresentaram os resultados de dois projetos educacionais que utilizaram Geoprocessamento, informática e análise espacial com alunos do ensino médio. O primeiro projeto, chamado Geotec (Geotecnologias na Educação), foi executado em uma escola estadual no município de Buritizeiro (MG), em 2013, e o outro, chamado Diamantina-SIG, foi desenvolvido em uma escola estadual no município de Diamantina (MG).

No primeiro projeto, os alunos tiveram contato com literatura científica e *sites* para levantamento de dados, fizeram mapeamento das árvores dentro do limite da escola, utilizando aparelho GNSS, e produziram um mapa temático em *software* de Geoprocessamento. No segundo projeto, os alunos tiveram contato com os conceitos teóricos de Geoprocessamento, aproximação com estatística e uso de planilha eletrônica para avaliação de dados de Índice de Desenvolvimento Humano (IDH) da região do Vale do Jequitinhonha (MG). Por fim, os alunos aplicaram os dados estatísticos para a geração de mapas em ambiente SIG (Fonseca; Guedes; Santos, 2017).

Segundo os autores, o uso de Geoprocessamento em sala de aula, além de alterar a rotina e possibilitar um ensino mais criativo e dinâmico de conceitos geográficos, pôde aproximar os alunos da informática e das ferramentas relacionadas às Geotecnologias disponíveis na *web*. Além disso, na perspectiva dos autores, a manipulação desse tipo de técnica prepara os alunos para o mercado de trabalho, tendo em vista a importância da experiência na manipulação de ferramentas tecnológicas atualmente (Fonseca; Guedes; Santos, 2017).

Síntese

Neste capítulo, abordamos alguns aspectos centrais do desenvolvimento de Geotecnologias, SIGs e Geoprocessamento. Primeiramente, apresentamos como as Geotecnologias se relacionam com a ciência geográfica e, depois, a relação entre SIG, Geoprocessamento, GNSS e SR, conceitos-chave para o entendimento da obra como um todo. Na sequência, tratamos da representação de dados em ambiente computacional, sua complexidade, suas limitações e suas potencialidades, considerando o paradigma dos quatro universos. Por fim, comentamos dois estudos que mostram algumas aplicações do Geoprocessamento, a fim de exemplificar como essa tecnologia tem sido abordada na área do mapeamento e da educação.

Indicações culturais

CLICKGEO – CURSOS DE GEOTECNOLOGIAS. Disponível em: <http://www.clickgeo.com.br/>. Acesso em: 17 jun. 2020.

Clickgeo é uma empresa fundada por Anderson Medeiros, tecnólogo em Geoprocessamento pelo Instituto Federal de Educação, Ciência e Tecnologia da Paraíba (IFPB). A empresa disponibiliza em seu site *conteúdo gratuito sobre diversos assuntos relacionados a Geotecnologias, desde material conceitual até tutoriais práticos em* softwares *de Geoprocessamento.*

OPENSTREETMAP. Disponível em: <https://www.openstreetmap.org/#map=4/-15.13/-53.19>. Acesso em: 17 jun. 2020.

Trata-se de um site *de mapeamento colaborativo que, após cadastro gratuito, permite que o usuário faça mapeamento de classificação de feições em áreas urbanas e rurais a partir de imagens de satélite integradas. Tem sido bastante utilizado no setor de educação como uma forma de inserir as Geotecnologias na sala de aula.*

Atividades de autoavaliação

1. Sabe-se que as Geotecnologias englobam técnicas como o Sensoriamento Remoto (SR), o GNSS (Sistema Global de Navegação por Satélite), a Cartografia Digital e os Sistemas de Informação Geográfica (SIGs). Considerando os conceitos apresentados neste capítulo, relacione corretamente as diferentes técnicas às respectivas características:

    1) SR
    2) GNSS
    3) SIGs

( ) Técnica de captação de imagens ou informações da superfície da Terra por meio de sensores distantes ou remotos.

( ) Conjunto de técnicas e sistemas que possibilitam a manipulação, o armazenamento e a produção de dados georreferenciados.

( ) Sistema de posicionamento por satélite que fornece a localização exata a um aparelho receptor de acordo com um sistema de referência geodésico.

Agora, assinale a alternativa que apresenta a sequência correta:
a) 1, 2, 3.
b) 2, 1, 3.
c) 3, 2, 1.
d) 1, 3, 2.
e) 2, 3, 1.

2. Considerando o paradigma dos quatro universos, analise as afirmativas a seguir:

I. O universo real diz respeito às entidades que estão presentes no espaço e que serão representadas.

II. No universo matemático, as entidades do mundo real são classificadas em contínuas ou individualizáveis.

III. O avanço tecnológico na área de informática eliminou a complexidade de representação de dados em ambiente computacional.

Está correto o que se afirma em:
a) I apenas.
b) I e II.
c) I e III.
d) II e III.
e) I, II e III.

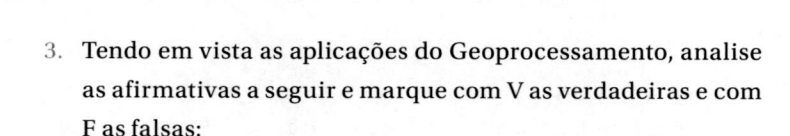

3. Tendo em vista as aplicações do Geoprocessamento, analise as afirmativas a seguir e marque com V as verdadeiras e com F as falsas:

( ) A utilização do Geoprocessamento em diversas áreas do conhecimento ocorre pelo seu potencial de auxiliar na análise espacial de fenômenos naturais, sociais, estruturais e da saúde.

( ) O Geoprocessamento ainda não atingiu um grande campo de utilização em razão da complexidade dos *softwares* da área, que são manipulados apenas por usuários do ramo de Ciências da Terra.

( ) O uso de Geotecnologias e Geoprocessamento em sala de aula permite um enriquecimento dos conhecimentos pelos alunos e estimula a criatividade deles, despertando também o interesse por Geografia.

Agora, assinale a alternativa que apresenta a sequência correta:
a) V, V, V.
b) V, F, F.
c) F, V, V.
d) V, F, V.
e) F, V, F.

4. Com base no conteúdo estudado, relacione corretamente as áreas de aplicação do Geoprocessamento às respectivas características:
1) Planejamento rural
2) Cadastral
3) Ambiental

( ) Diz respeito ao cadastro urbano e rural, geralmente realizado por prefeituras. Compreende o cadastro, a consulta de banco de dados e a visualização de mapas.

( ) Está geralmente relacionado à agricultura, à ecologia e ao planejamento regional, com integração de dados, conversão entre projeções cartográficas, processamento de imagens e produção de mapas.

( ) O Sistema de Informação Geográfica (SIG) tem forte relação com banco de dados e grande capacidade de adaptação. Em geral, o SIG precisa ser modificado e adaptado especificamente para atender à demanda desse setor.

Agora, assinale a alternativa que apresenta a sequência correta:
a) 2, 3, 1.
b) 1, 2, 3.
c) 3, 2, 1.
d) 2, 1, 3.
e) 1, 3, 2.

5. Considerando os conteúdos vistos sobre o uso das Geotecnologias, analise as seguintes proposições:

I. O uso das Geotecnologias se restringe à área das Ciências da Terra, em virtude da particularidade de sua relação com a Cartografia.

PORQUE

II. O Geoprocessamento, as Geotecnologias e os Sistemas de Informação Geográfica (SIGs) são elementos integrados que auxiliam na análise de dados espaciais.

A respeito dessas asserções, é correto afirmar:
a) As asserções I e II são proposições verdadeiras, e a II é uma justificativa correta da primeira.
b) As asserções I e II são proposições verdadeiras, mas a II não é uma justificativa correta da primeira.

c) A asserção I é uma proposição verdadeira, e a II é uma proposição falsa.
d) A asserção I é uma proposição falsa, e a II é uma proposição verdadeira.
e) As asserções I e II são proposições falsas.

Atividades de aprendizagem

Questões para reflexão

1. Leia o fragmento de texto a seguir:

> "Antes de os recursos oferecidos pela computação eletrônica serem tão ubíquos, as análises que envolviam a manipulação de dados geográficos demandavam que os dados fossem representados em folhas transparentes [...] e estes eram superpostos como camadas. O resultado deveria ser impresso ou, pelo menos, desenhado para ser exibido ou armazenado [...]. O advento da computação facilitou o trabalho e uma das primeiras funções do que mais tarde foi sistematizado com o nome geral de SIG (Sistemas de Informação Geográfica) foi a produção de material cartográfico" (Kneip, 2014, p. 17-18).

Com base em seus conhecimentos sobre SIG e as informações fornecidas no texto, explique o que são SIGs e qual é sua relação com o Geoprocessamento.

2. Sabe-se que o Geoprocessamento é amplamente utilizado pelas ciências ambientais em geral, pois possibilita a transformação de dados georreferenciados em informação. Apresente um exemplo da aplicação do Geoprocessamento na área de Gestão Ambiental.

Atividade aplicada: prática

1. Atualmente, várias instituições brasileiras disponibilizam dados espaciais em formatos editáveis com informações sobre o território nacional. Veja nesta atividade como obter alguns desses arquivos e fazer uma primeira exploração com o uso de um *software* SIG.

   Passo I: Utilize o *link* a seguir para acessar o portal de mapas do Instituto Brasileiro de Geografia e Estatística (IBGE) e explore o conteúdo do *site*. Veja os dados disponibilizados em formato *shapefile* (.SHP), que podem ser abertos e manipulados no *software* QGIS.
   IBGE – Instituto Brasileiro de Geografia e Estatística. **Mapas**. Disponível em: <https://portaldemapas.ibge.gov.br/portal.php#homepage>. Acesso em: 17 jun. 2020.

   Passo II: O *software* QGIS é gratuito e elaborado de forma colaborativa por pesquisadores de diferentes países. Atualmente, é uma das plataformas SIG gratuitas mais utilizadas por acadêmicos, professores e profissionais para a prática do Geoprocessamento. Acesse o *link* indicado a seguir e faça a instalação do aplicativo.
   QGIS. Disponível em: <https://www.qgis.org/pt_BR/site/>. Acesso em: 17 jun. 2020.

   Passo III: Após a instalação, abra o *software* e observe, no menu disponível no lado direito da tela, os botões para adição de camadas. Clicando no botão *Adicionar camada vetorial*, selecione o arquivo .SHP previamente obtido no portal do IBGE e clique na opção *Abrir*.

   Passo IV: Depois de abrir o arquivo, use o botão direito do *mouse* sobre o nome do arquivo no gerenciador de camadas e abra a tabela de atributos. Observe os dados da tabela, escreva um relatório, descrevendo as características (além da localização) que se encontram no arquivo, e indique como estas poderiam ser exploradas em uma análise geográfica.

Dicas

» A interface gráfica do QGIS é intuitiva, facilitando o manuseio do *software*. A barra superior é a de menu e apresenta as funções principais para manipulação de arquivos, exibição de telas e atalhos, gerenciamento de camadas e complementos, configurações do programa, acesso a ferramentas para uso em estrutura *raster* e vetor e banco de dados, busca na *web* e obtenção de ajuda.

» O atalho para a barra de ferramentas permite o acesso rápido às ferramentas de manipulação de dados. Para habilitar ou desabilitar as ferramentas disponíveis, é necessário clicar com o botão direito do *mouse* em um espaço vazio e selecionar as ferramentas desejadas.

» O painel de navegação serve para o acesso rápido às pastas do usuário no computador (por exemplo: Meus Documentos ou Disco C:) ou às pastas do banco de dados relacionadas ao projeto que está sendo executado (por exemplo: PostGIS).

» O acesso a camadas é também um atalho que permite a abertura rápida de um novo arquivo ou a criação de uma nova feição vetorial. Adicionalmente, o gerenciador de camadas auxilia no gerenciamento dos *layers* do projeto, possibilitando acesso rápido às propriedades das camadas vetoriais ou ao *raster* do projeto em andamento, bem como a habilitação ou a desabilitação de camadas.

» A área de trabalho serve para a manipulação direta dos dados e é o local em que aparecem as camadas com as quais se está trabalhando no momento. As camadas são gerenciadas na janela *Gerenciador de camadas*, mas elas aparecem para edição na área de trabalho. Conforme uma camada é adicionada ou removida, ela aparece na área de trabalho.

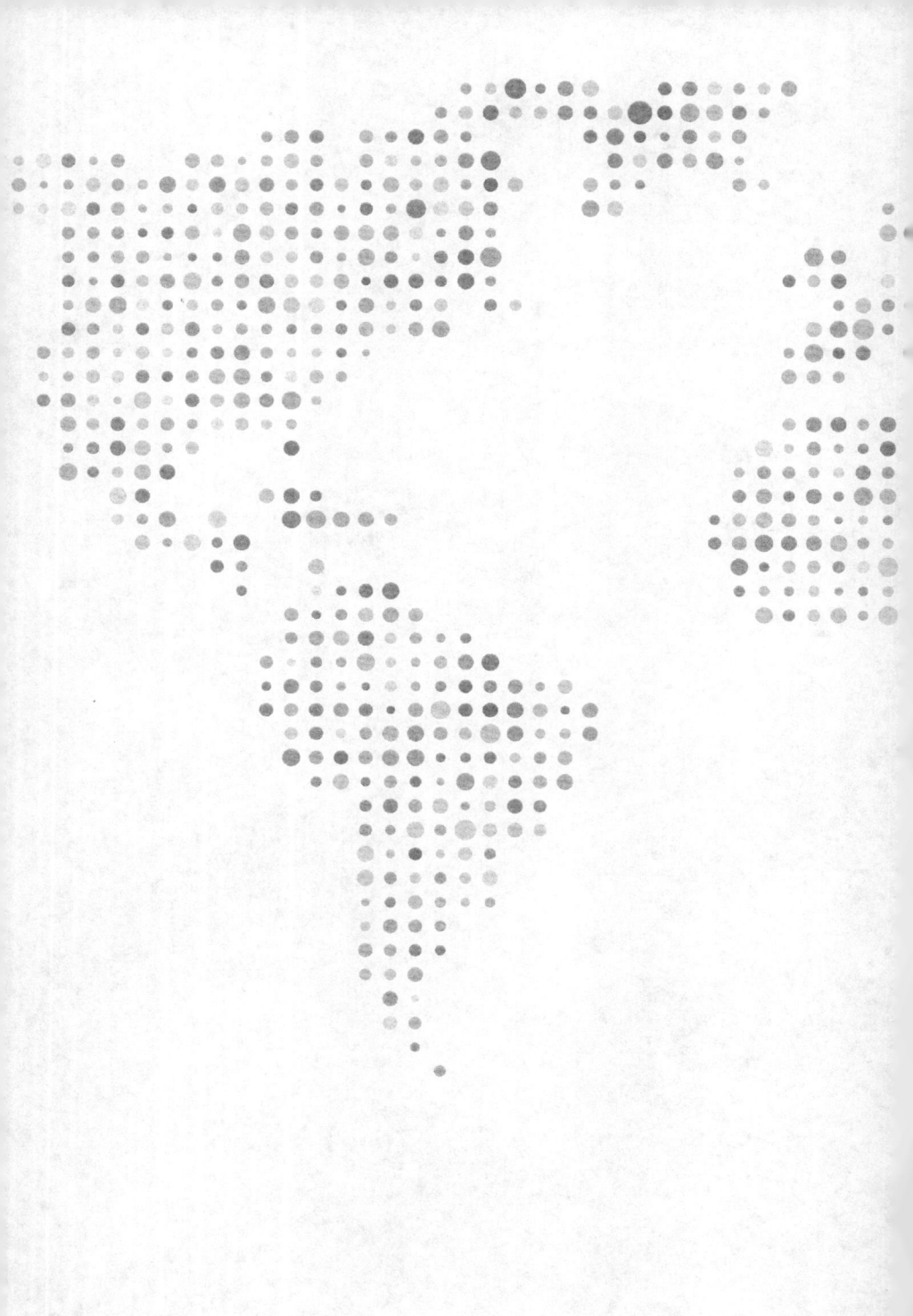

2
Fundamentos de Cartografia para Geoprocessamento

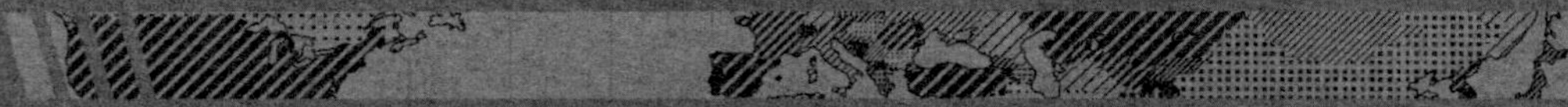

Bruna Daniela de Araujo Taveira

Os dados espaciais manipulados em um Sistema de Informação Geográfica (SIG) devem apresentar acurácia cartográfica e, para isso, precisam estar associados a um sistema de referência geodésico, bem como a um sistema de coordenadas de localização. A falta de domínio dos conteúdos básicos de Cartografia pode fazer com que um usuário de SIG cometa erros e comprometa a qualidade do material produzido. Por isso, neste capítulo, nosso objetivo é apresentar o conteúdo de Cartografia relacionado a conceitos como diferentes modelos de representação da Terra, sistemas de referência geodésicos e sistemas de coordenadas, além de noções gerais sobre Cartografia Digital, Cartografia Temática e sua relação com o Geoprocessamento.

2.1 Relação entre Cartografia e Geoprocessamento

A Cartografia é uma ciência consolidada que reúne técnicas para a elaboração de mapas, cartas e outras formas de representação dos elementos que compõem a superfície da Terra. Assim, o Geoprocessamento, o desenvolvimento de SIGs e o avanço no desenvolvimento de Geotecnologias dependem da evolução da Cartografia e das Ciências Geodésicas.

A Cartografia preocupa-se em criar um modelo ou uma forma de representar os dados e os fenômenos que ocorrem no espaço. Segundo Rosa (2013), a Cartografia é, entre as tecnologias que se inter-relacionam na área de análises geográficas, a mais antiga e consolidada. Essa tecnologia é entendida como uma combinação de arte e ciência que objetiva representar a superfície terrestre por meio de mapas e cartas. Ainda de acordo com Rosa (2013, p. 7), "É ciência porque, para alcançar exatidão, depende basicamente da astronomia, geodesia e matemática. É arte porque é subordinada às leis da estética, simplicidade, clareza e harmonia".

A Cartografia, em sua história, apresenta fatos correlatos ao Geoprocessamento desde o século XVIII (Zaidan, 2017). Um exemplo bastante utilizado para explicar a história do Geoprocessamento é o estudo feito pelo médico infectologista John Snow em Londres, no ano de 1854. O médico avaliou a relação entre o endereço dos pacientes infectados com cólera e a localização dos poços de abastecimento de água na cidade. Em sua avaliação, Snow verificou a distribuição espacial dos casos, concluindo que grande parte deles estava localizada próximo a um poço específico. Com a construção de um mapa, foi possível inferir que a cólera estava sendo transmitida à população por meio da água contaminada daquele poço. Assim, ao fechar o poço, a epidemia sofreu uma drástica redução; além disso, a análise possibilitou a formulação da hipótese de que uma das formas de contaminação por cólera é a ingestão de água contaminada, o que foi confirmado posteriormente. O mapa elaborado em 1854 foi uma das primeiras evidências da importância da análise espacial na descrição e na compreensão de fenômenos que ocorrem no espaço.

Figura 2.1 – Reprodução do mapa de Londres em 1854 representando os casos de cólera e os poços de abastecimento de água

À medida que foram surgindo novas demandas de interesse da sociedade, o potencial do Geoprocessamento de gerar novas informações por meio da espacialização de dados foi crescendo. Hoje, essa tecnologia é fundamental para a análise de dados e fenômenos físicos, sociais, econômicos e culturais que fazem parte do desenvolvimento da relação atual entre homem e natureza. Observe os exemplos mostrados no Quadro 2.1.

Quadro 2.1 – Exemplos de processos de análise espacial realizados em Geoprocessamento

Análise	Pergunta Geral	Exemplo
Condição	O que está...?	Qual a população desta cidade?
Localização	Onde está...?	Quais as áreas com declividade acima de 20%?
Tendência	O que mudou...?	Esta terra era produtiva há 5 anos atrás?
Roteamento	Por onde ir...?	Qual o melhor caminho para o metrô?
Padrões	Qual o padrão...?	Qual a distribuição da dengue em Fortaleza?
Modelos	O que acontece se...?	Qual o impacto no clima se desmatarmos a Amazônia?

Fonte: Câmara, 1995, p. 7-8.

Esse tipo de análise revela claramente a relação interdisciplinar entre Cartografia e Geoprocessamento. Considerando-se que a Cartografia é a ciência responsável pela representação e pela localização dos fenômenos no espaço, ao associá-la ao Geoprocessamento, associam-se a representação e a localização a fatores como condição, tendência, padrões e modelos.

Em Cartografia Digital, trabalha-se com **dados cartográficos**, cujas principais características são: escala, referência cartográfica e data. A escala estabelece a relação de proporção entre a dimensão da representação e a do fenômeno real representado, atentando para a qualidade posicional; o referencial cartográfico consiste nos elementos necessários para a definição do posicionamento dos dados no espaço e possibilita a obtenção de medidas métricas dos objetos; e, finalmente, a data refere-se ao período entre a aquisição dos dados e a produção do mapa (Sampaio; Brandalize, 2018).

Segundo Sampaio e Brandalize (2018), a escala, a referência cartográfica e a data permitem o posicionamento, a datação e a obtenção de parâmetros métricos dos dados, porém podem ser insuficientes para a utilização desses dados de acordo com um objetivo específico, tendo em vista a constante alteração pelas quais passam os dados geoespaciais. Dessa forma, para o correto uso dos dados geoespaciais, é importante informar o referencial cartográfico original, a escala e a data em que o dado foi produzido, bem como o número de feições presentes e os padrões de qualidade adotados no momento da produção. Esse conjunto de dados que acompanha um dado geoespacial produzido no âmbito da Cartografia Digital constitui o que se denomina *metadados*.

Em Geoprocessamento e Cartografia, trabalha-se com uma grande variedade de produtos, como mapas e cartas topográficas. Assim, é válido dedicarmos um espaço nesta seção para, com base em Rosa (2013), apresentar os diferentes tipos de produtos. Observe o Quadro 2.2, a seguir.

Quadro 2.2 – Produtos cartográficos e suas definições

Produto	Definição
Globo	Representação de aspectos físicos naturais e artificiais da Terra em superfície esférica com função didática e ilustrativa.
Mapa	Representação de diferentes aspectos geográficos (físicos ou humanos) em uma área plana, geralmente em pequena escala, em que grandes espaços são representados em pequenas áreas.
Carta	Representação de aspectos geográficos variados em superfície plana, com escala média ou grande. Diferencia-se dos mapas por, normalmente, fazer parte de um conjunto de folhas que compõe a representação de uma área de forma mais detalhada, permitindo a avaliação de elementos mais específicos.
Planta	Produto com grande escala, sendo a representação limitada a pequenas áreas, como lotes ou terrenos, e utilizada quando é necessário um grande nível de detalhamento.
Fotografia aérea	Fotografia obtida no nível suborbital, geralmente a bordo de aviões ou veículos aéreos não tripulados. Geralmente utilizada como base para mapeamento, a escala pode variar entre média e grande.
Mosaico	Imagens ou fotografias que são montadas formando uma única imagem.
Ortofotocarta	Foto tirada sob uma perspectiva central do terreno, em projeção ortogonal. Pode ser complementada por símbolos e, em geral, é representada em escala média ou grande.
Fotoíndice	Superposição de fotografias aéreas em escala reduzida. Tem a finalidade de representar um conjunto de fotografias e permitir a identificação de diferentes fotografias e faixas de vôo por meio de codificação.

(continua)

(Quadro 2.2 – conclusão)

Produto	Definição
Imagem de satélite	Imagem obtida em nível orbital, por meio de sensores acoplados em satélites. Possibilita mapeamento em diferentes escalas (espacial, temporal e espectral).
Atlas	Conjunto de mapas que apresentam, geralmente, as mesmas convenções cartográficas e projeções, mas podem variar em escala.

Fonte: Elaborado com base em Rosa, 2013, p. 8.

Conforme Rosa (2013), produtos cartográficos têm se tornado fontes de informação. Isso ocorre, em grande parte, pela maior preocupação de quem produz o mapa com a função social e política dele e pela evolução tecnológica – que permite variadas formas de representação, tanto qualitativas quanto quantitativas –, o que possibilita uma maior adequação do produto à expectativa do público-alvo e ao propósito de quem produz.

2.2 Modelos de representação da Terra

Uma das principais características dos dados espaciais é sua localização geográfica. Segundo D'Alge (2001, cap. 6, p. 2), um objeto "somente tem sua localização geográfica estabelecida quando se pode descrevê-lo em relação a outro objeto cuja posição seja previamente conhecida ou quando se determina sua localização em relação a um certo sistema de coordenadas". A Geodésia é a ciência responsável pela criação de modelos de representação da Terra que possibilitam a localização de qualquer ponto na superfície terrestre.

Apesar de ser representado geralmente como uma esfera, o formato da Terra é bastante irregular e acidentado. Primeiramente, porque sua forma é mais achatada nos polos do que na região do equador, em razão dos efeitos de sua rotação ao longo do tempo. Além disso, em uma escala menor, a topografia também afeta seu formato, tendo em vista que montanhas, por exemplo, apresentam uma massa maior do que regiões de vale e, com isso, interferem na força da gravidade no local, fazendo com que esta seja maior em suas proximidades (NOAA, 2020). A força ou potencial de gravidade influencia na forma da figura que representa o "formato real da Terra", chamado de *geoide*.

Os modelos de representação da Terra atendem a objetivos diversos e são construídos com base nas características de diferentes localidades no globo. Além disso, os modelos evoluem de acordo com as tecnologias para seu desenvolvimento. No Brasil, por exemplo, até o ano de 2005, a convenção era o uso do sistema de referência SAD-69, feito com base no elipsoide UGGI 67 (recomendado pela União Internacional de Geodésia e Geofísica em 1967). Atualmente, em virtude da evolução no desenvolvimento científico da área, o sistema adotado é o SIRGAS2000, modelo desenvolvido de acordo com o elipsoide do Sistema Geodésico de Referência de 1980 (*Geodetic Reference System* 1980 – GRS80).

Conforme o Instituto Brasileiro de Geografia e Estatística (IBGE, 2005), a adoção de um sistema geodésico de referência deve acompanhar, de acordo com as fases históricas, o estado da arte de métodos e técnicas disponíveis. Assim, com o avanço do *Global Navigation Satellite System* – GNSS (Sistema Global de Navegação por Satélite), por exemplo, torna-se mandatória a adoção de novos sistemas de referência, que sejam compatíveis com a tecnologia atual, acompanhando uma tendência global.

2.2.1 Elipsoide

O elipsoide de revolução é uma representação geométrica e matemática da Terra cujo objetivo é representar a elipticidade dela, que conta com o raio equatorial aproximadamente 23 km maior que o raio polar, ou seja, a Terra é mais achatada nos polos e mais larga na região do equador em virtude da rotação em torno de seu eixo (ver Figura 2.2). A função do elipsoide é possibilitar o mapeamento geodésico, uma vez que o geoide (representação física da Terra) não apresenta uma superfície fácil de ser definida matematicamente. Desse modo, pode-se considerar que o elipsoide é a figura matemática que mais se aproxima do geoide (Menezes; Fernandes, 2013). D'Alge (2001, cap. 6, p. 2) reitera que

> A adoção do geoide como superfície matemática de referência esbarra no conhecimento limitado do campo da gravidade terrestre. À medida que este conhecimento aumenta, cartas geoidais existentes são substituídas por novas versões atualizadas. Além disso, o equacionamento matemático do geoide é intrincado, o que o distancia de um uso mais prático. É por tudo isso que a Cartografia vale-se da aproximação mais grosseira aceita pelo geodesista: um elipsoide de revolução. Visto de um ponto situado em seu eixo de rotação, projeta-se como um círculo; visto a partir de uma posição sobre seu plano do equador, projeta-se como uma elipse, que é definida por um raio equatorial ou semieixo maior e por um achatamento nos polos.

A representação matemática do achatamento do elipsoide é o que diferencia os modelos elipsoidais existentes. O achatamento (f) é definido por:

$$f = \frac{(a - b)}{a}$$

Em que a representa o semieixo maior e b o semieixo menor.

Figura 2.2 – Representação do elipsoide

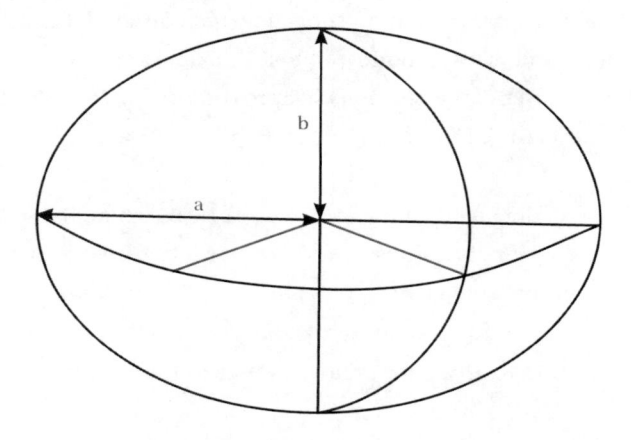

Segundo Menezes e Fernandes (2013), a diferença entre os dois semieixos é de 11,5 km. Assim, para uma representação que apresente redução de escala de 1:100.000.000, em que a Terra é representada com raio de 6 cm na região equatorial, a diferença entre os eixos será de 0,2 mm, valor mínimo que pode ser percebido pelo olho humano. Dessa forma, cartograficamente e para determinados fins, a forma da Terra pode ser definida como esférica (Menezes; Fernandes, 2013).

Ainda de acordo com Menezes e Fernandes (2013, p. 73-74), a definição do tamanho e da forma da Terra, bem como as demais aferições que são feitas sobre sua figura, envolve:

» medição de arcos astrogeodésicos na superfície terrestre;
» medição da variação da gravidade na superfície;
» medição de pequenas perturbações na órbita lunar;
» medição do movimento do eixo de rotação da Terra em relação às estrelas;
» medição do campo gravitacional terrestre, originada de satélites artificiais.

Atualmente, existe uma lista extensa de elipsoides já produzidos, que são calculados para diversas regiões do planeta com o objetivo de mensurar a melhor representação matemática para o geoide na região para a qual é produzido. Um elipsoide muito conhecido e que tem o objetivo de se adaptar globalmente a um modelo geoidal é o UGGI-67, utilizado como base no *World Geodetic System*, ou WGS84, bastante utilizado em mapas GNSS de dispositivos móveis.

Os modelos elipsoidais permitem uma representação matemática em que é possível medir a localização de qualquer objeto na superfície da Terra por meio de um sistema de coordenadas. Portanto, é preciso que haja um modelo **matemática e geometricamente** representado da Terra para que se possa criar um sistema de coordenadas que possibilite a localização e a mensuração de distâncias no globo. Nesse contexto, vale apresentar os conceitos de *datum* planimétrico e *datum* altimétrico, que definem a estrutura para o sistema geodésico mundial ou regional.

O **datum planimétrico** consiste em "uma superfície de referência elipsoidal posicionada com respeito a uma determinada região" (D'Alge, 2001, cap. 6, p. 3), ou seja, o *datum* dá o ponto de origem ou ponto de referência para a representação gráfica de paralelos e meridianos na Terra, sendo, por isso, chamado também de *sistema de referência*. Conforme Menezes e Fernandes (2013), o *datum* planimétrico (ou sistema geodésico de referência) estabelece um elipsoide adequado para a área que se quer representar, o que determina uma origem para as coordenadas geodésicas com referência a esse elipsoide. Dessa forma, podemos concluir que, para utilizar um sistema de coordenadas de paralelos e meridianos, é necessário primeiro estabelecer um sistema de referência (*datum*). A seguir, a Figura 2.3 esclarece melhor essa relação.

Figura 2.3 – Distinção entre elipsoide e *datum*

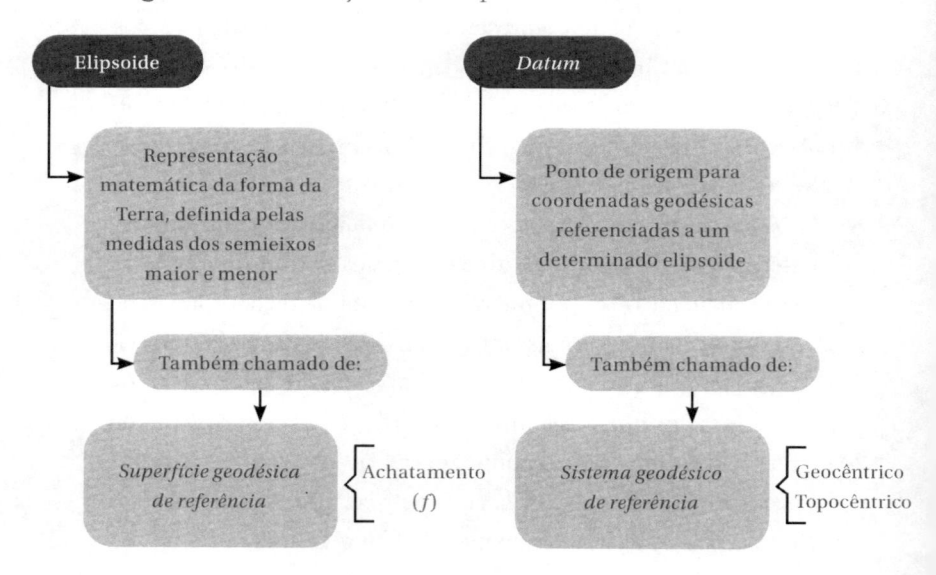

```
Elipsoide                                    Datum
    │                                          │
    ▼                                          ▼
Representação                          Ponto de origem para
matemática da forma da                 coordenadas geodésicas
Terra, definida pelas                  referenciadas a um
medidas dos semieixos                  determinado elipsoide
maior e menor
    │                                          │
    ▼                                          ▼
Também chamado de:                     Também chamado de:
    │                                          │
    ▼                                          ▼
Superfície geodésica    { Achatamento   Sistema geodésico   { Geocêntrico
de referência           {     (f)       de referência       { Topocêntrico
```

Existem dois tipos principais de sistemas geodésicos de referência: aqueles que se adaptam a uma certa posição em um local determinado na Terra, chamados de *topocêntricos*, e aqueles que se adaptam ao geoide considerando o centro de massa da Terra, chamados de *geocêntricos*. Assim, sistemas de referência topocêntricos têm seu ponto de origem na superfície terrestre para que o elipsoide se ajuste a um ponto específico de interesse. Esse tipo de sistema também pode ser chamado de *datum local*. Quando o elipsoide é global, isso significa que não existe um ponto de referência na superfície para que seja adaptado um conjunto de parâmetros, pois o ponto de origem está associado ao centro da Terra (geocêntrico), conforme demonstra a Figura 2.4.

Figura 2.4 – Representação comparativa entre um *datum* geocêntrico e um *datum* topocêntrico

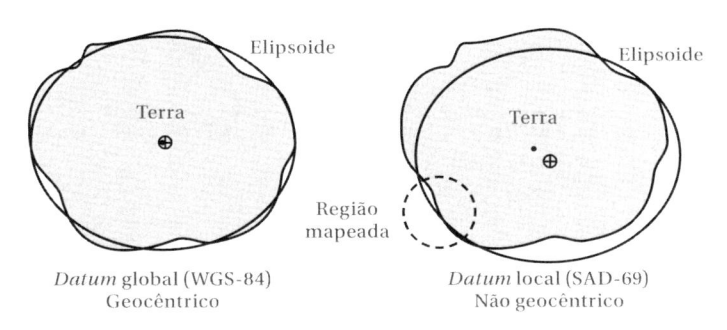

Datum global (WGS-84)
Geocêntrico

Datum local (SAD-69)
Não geocêntrico

No Brasil, o *datum* oficial desde fevereiro de 2015 é o SIRGAS2000; antes disso, o IBGE reconhecia o uso dos *data*[i] Córrego Alegre e SAD69. A principal diferença entre eles é o ponto de origem, que, para o primeiro, é geocêntrico e, para o segundo, é topocêntrico. A adoção do SIRGAS2000 como *datum* oficial do

---

i. *Data* é o plural de *datum*.

Brasil ocorreu em razão de sua atualidade em relação aos antigos (Córrego Alegre e SAD69) e, por ser um *datum* mais moderno, está em consonância com aquele mundialmente utilizado (WGS84). A seguir, no Quadro 2.3, estão listados alguns dos elipsoides utilizados em diferentes partes do mundo.

Quadro 2.3 - Elipsoides e *data* utilizados em diferentes partes do globo

Elipsoide	Datum	a (m)	b (m)	País que adota
Bessel (1841)	Bukit Rimpah	6.377.484	6.356.165	Alemanha
Clarke (1866)	American Samoa 1962	6.378.206	6.356.584	EUA
Krassovsky (1940)	Afgooye	6.378.245	6.356.863	URSS
Hayford (Internacional 1924)	Córrego Alegre	6.378.388	6.356.912	Brasil (antigo)
UGGI-67	South American 1969	6.378.160	6.356.775	Brasil (atual)
UGGI-79	WGS-84	6.378.137	6.356.752	Globo
GRS-80 (1980)	SIRGAS	6.378.137	6.356.752	América do Sul

Fonte: Rosa, 2013, p. 15.

Segundo o IBGE (2020e), a vantagem da adoção de um sistema geocêntrico como o SIRGAS2000 também está relacionada ao uso direto de GNSS, pois esse *datum* possibilita maior precisão no mapeamento, melhorando a qualidade dos dados geoespaciais nacionais.

O ***datum* altimétrico**, também conhecido como *datum vertical*, consiste na superfície de referência usada para definir altitudes com relação ao nível do mar; ele é estabelecido utilizando-se um marégrafo ou um conjunto de marégrafos (equipamentos utilizados para medir o nível do mar em determinada região, conforme ilustrado na Figura 2.5). Então, de posse do conjunto de dados mensurados, é obtida uma referência de altitude zero. No Brasil, o local de referência para o *datum* vertical é o marégrafo de Imbituba, localizado no Estado de Santa Catarina.

Figura 2.5 – Marégrafo convencional

Fonte: IBGE, 2013, p. 11.

O Brasil dispõe de um sistema geodésico (Sistema Geodésico Brasileiro – SGB) composto de aproximadamente 70 mil estações dispostas em todo o território, implementadas pelo IBGE. Esse sistema pode ser separado em três redes: (1) planimétrica (medição de latitude e longitude com alta precisão), (2) altimétrica (medição de altitude com alta precisão) e (3) gravimétrica (para medição de valores precisos de aceleração gravimétrica) (Rosa, 2013).

Ao trabalhar com um SIG, o usuário frequentemente se depara com dados vinculados a diferentes sistemas de referência.

É importante salientar que, ao alterar o referencial geodésico, a posição dos objetos representados pode sofrer um deslocamento, o qual vai depender da diferença de posição entre um *datum* e outro. A alteração de SAD69 para SIRGAS2000, por exemplo, resulta em um deslocamento de aproximadamente 65 m. Esse valor pode ocasionar mudança em um mapa de grande escala, ou seja, um mapa no qual a representação dos fenômenos no espaço é feita com maior nível de detalhamento. Por outro lado, em um mapa com pequena escala – um mapa estadual ou um mapa de limites territoriais do Brasil, por exemplo –, pouco se notaria a mudança.

2.2.2 Geoide

O geoide pode ser definido como a representação física da superfície terrestre; física porque se baseia no princípio físico do potencial gravitacional, o qual é influenciado pela distribuição irregular de massa na superfície da Terra. Segundo Sampaio e Brandalize (2018, p. 27-28), "O geoide é a superfície equipotencial (com potencial gravitacional constante ao longo de sua superfície) que mais se aproxima da superfície formada pelo prolongamento dos oceanos (nível médio dos mares) por sobre os continentes". De acordo com Menezes e Fernandes (2013, p. 70), "o geoide (modelo geoidal) é o mais aproximado da forma real (superfície física), podendo ser determinado com medidas gravimétricas, ou seja, medidas da força de atração da gravidade".

Conforme o IBGE (2020d),

> Para estimar a forma do geoide é introduzido um campo de referência, conhecido como elipsoide de revolução com dimensões e características

matematicamente definidas. A partir de então, podemos imaginar a superfície geoidal prolongada através dos continentes, ela tem um formato ondulatório levemente irregular que acompanha as variações da estrutura de distribuição de massa da Terra. Essa ondulação é suave e fica em torno ±30 m, sendo o valor máximo de ±100 m, em relação ao elipsoide de referência.

Menezes e Fernandes (2013) afirmam que a determinação do geoide é física e não matemática; assim, sua definição é afetada pelas anomalias geofísicas da Terra, o que faz com que sua forma seja irregular. O geoide é uma forma que coincide com o nível médio dos mares – o nível do mar sem a perturbação ocasionada pelas marés – e seu prolongamento (fictício) pelo continente, conforme demonstra a Figura 2.6.

Figura 2.6 – Representação do elipsoide, do geoide e da superfície terrestre

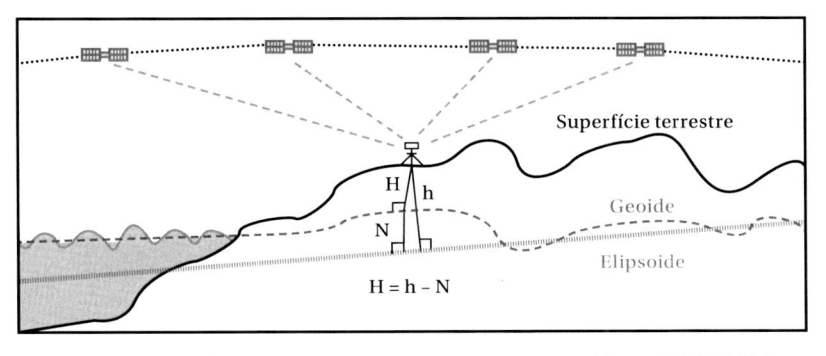

Fonte: IBGE, 2020d.

Na figura, é possível perceber a diferença entre a superfície topográfica (o relevo), a superfície elipsoidal (modelo matematicamente construído da forma da Terra) e a superfície geoidal (superfície fisicamente definida, em que a força da gravidade é perpendicular em toda parte). Também é possível notar que a representação do geoide coincide com o nível médio do mar.

Uma das formas de explicar a superfície do geoide é associá-la ao nível médio dos mares (superfície do mar sem a perturbação das marés) e seu prolongamento (fictício) pelo continente. Isso porque as variações na forma e na distribuição de massa na Terra causam a variação na força de gravidade, e essa variação determina a forma do "ambiente líquido do planeta".

O geoide possibilita a medição da altitude de maneira mais acurada com relação ao nível do mar. Isso porque, quando se utiliza um GPS para essa medição, ela não está relacionada com o nível do mar, mas com o elipsoide de referência. Assim, é importante saber a diferença entre a altitude geoidal (que representa o nível médio dos mares) e a altitude elipsoidal (com referência no elipsoide) (IBGE, 2020d). De acordo com o IBGE (2020d), para que a altitude acima do nível do mar (denominada *altitude ortométrica*) seja obtida em seu sentido físico, é necessário conhecer a diferença entre as superfícies geoidal e elipsoidal.

No Brasil, a Coordenação de Geodésia (CGED) do IBGE, juntamente com a Escola Politécnica da Universidade de São Paulo (Epusp), produziu uma versão atual do modelo de ondulação geoidal do Brasil, denominada MAPGEO2015 (IBGE, 2020c), que pode ser observada no Mapa 2.1, a seguir.

Mapa 2.1 – Modelo de ondulação geoidal MAPGEO2015

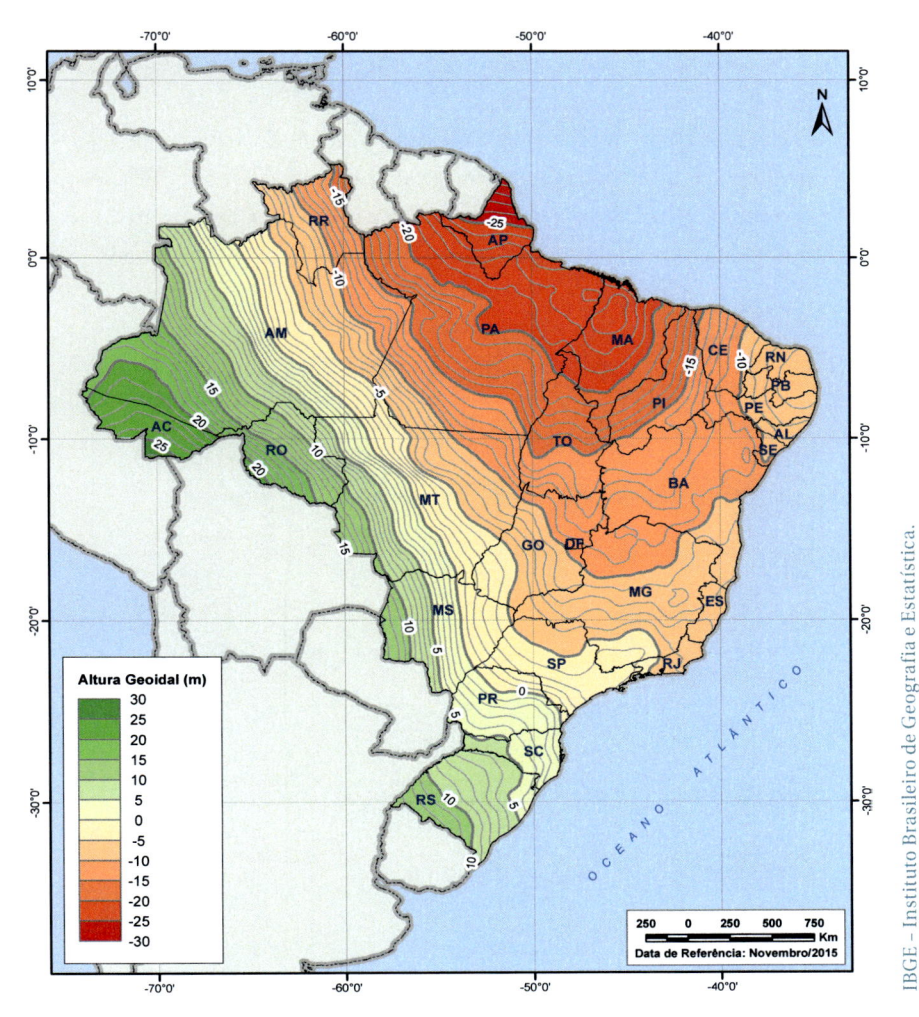

Fonte: IBGE, 2020b.

Por meio do modelo, é possível obter a altura geoidal em qualquer ponto ou conjunto de pontos no território brasileiro (IBGE, 2020c). Para converter a altitude elipsoidal (h) – determinada por meio de GPS – em altitude ortométrica (H), utiliza-se o valor da altitude geoidal (N) em um modelo de ondulação (como o MAPGEO2015), considerando-se a seguinte expressão:

$$H = h - N$$

Assim como ocorre para o elipsoide, existem vários modelos geoidais, os quais são elaborados de acordo com a disponibilidade de tecnologia e com o avanço da ciência geodésica. O Quadro 2.4 apresenta os modelos geoidais construídos nos últimos três anos.

Quadro 2.4 – Modelos geoidais elaborados entre 2017 e 2019

Modelo	Ano	Dados*	Referência
XGM2019e_2159	2019	A, G, S (GOCO06s), T	Zingerle, P. et al, 2019
GO_CONS_GCF_2_TIM_R6e	2019	G (Polar), S (Goce)	Zingerle, P. et al, 2019
ITSG-Grace2018s	2019	S (Grace)	Mayer-Gürr, T. et al, 2018
EIGEN-GRGS.RL04. MEAN-FIELD	2019	S	Lemoine et al, 2019
GOCO06s	2019	S	Kvas et al., 2019
GO_CONS_GCF_2_TIM_R6	2019	S (Goce)	Brockmann, J. M. et al, 2014
GO_CONS_GCF_2_DIR_R6	2019	S	Bruinsma, S. L. et al, 2014

(continua)

(Quadro 2.4 – conclusão)

Modelo	Ano	Dados*	Referência
IGGT_R1C	2018	G, S (Goce), S (Grace)	Lu, B. et al., 2019
Tongji-Grace02k	2018	S (Grace)	Chen, Q. et al, 2018
SGG-UGM-1	2018	EGM2008, S (Goce)	Liang, W. et al., 2018 & Xu, X. et al. (2017)
GOSG01S	2018	S (Goce)	Xu, X. et al., 2018
IGGT_R1	2017	S (Goce)	Lu, B. et al, 2017
IfE_GOCE05s	2017	S	Wu, H. et al, 2017
GO_CONS_GCF_2_SPW_R5	2017	S (Goce)	Gatti, A. et al, 2016

*Dados utilizados no desenvolvimento do modelo: A (dados altimétricos); G (dados terrestres, como medições realizadas por aeronaves); S (dados de satélite, como Goce, Grace); e T (dados topográficos).

Fonte: Elaborado com base em ICGEM, 2020.

Um dos modelos mais atuais de geoide foi construído com base em dados do satélite Goce (Gravity Field and Ocean Circulation Explorer), com o qual se realizou o mapeamento da superfície gravitacional da Terra. Segundo a European Space Agency (ESA, 2020b), o satélite orbitou o mais próximo possível da Terra (cerca de 260 km acima da superfície) para maximizar a sensibilidade a variações em seu campo gravitacional, o que resultou no mapeamento com maior nível de precisão já feito, possibilitando a otimização do conhecimento sobre a estrutura interna da Terra, bem como das correntes que circulam nas áreas mais profundas dos oceanos. O lançamento do satélite Goce foi uma missão que durou quatro anos, chegando ao fim em outubro de 2013, quando o satélite ficou sem combustível e reentrou na atmosfera terrestre. A Figura 2.7 apresenta o primeiro modelo de geoide elaborado com dados do satélite Goce.

Figura 2.7 – Modelo geoidal elaborado com base nos dados do satélite Goce em 2011

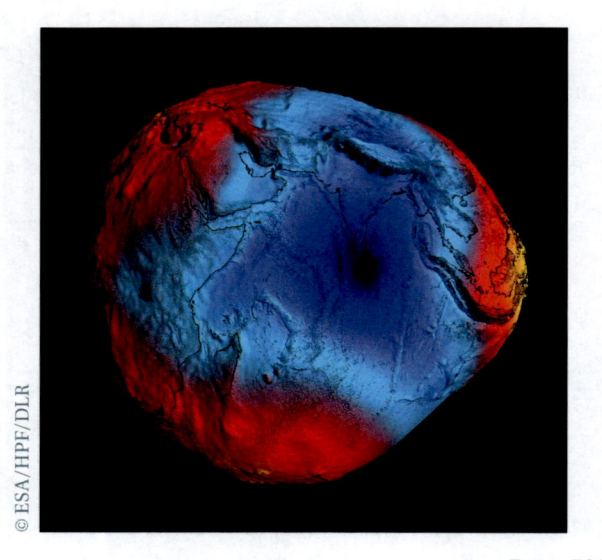

© ESA/HPF/DLR

Fonte: ESA, 2014.

As cores da imagem indicam a variação de altitude: os tons de azul representam altitudes menores, e os tons quentes, altitudes maiores.

Conforme a ESA (2014, tradução nossa),

> Em meados de 2014, nada menos do que cinco modelos de campo gravitacional e geoides correspondentes

foram gerados a partir dos dados do GOCE. Cada versão é mais precisa que a anterior. O quinto modelo de gravidade e geoide inclui todos os dados gravitacionais coletados durante a vida útil da missão – até novembro de 2013, quando o satélite finalmente parou de funcionar e sucumbiu à força que foi projetado para medir.

Atualmente, como indicado no Quadro 2.4, modelos geoidais vêm sendo desenvolvidos com base em dados do Goce e outros satélites, bem como em conjunto com dados terrestres.

A precisão de um modelo geoidal implica considerar as medições de variáveis como a circulação oceânica, a dinâmica de geleiras, as alterações no nível dos mares e as dinâmicas do interior da Terra. Além disso, o modelo geoidal serve como referência pra mapear a topografia da superfície terrestre. Com isso, é necessário que as tecnologias para determinação do geoide estejam em constante atualização.

A força que molda nosso planeta

A gravidade é uma força fundamental da natureza que influencia muitos processos dinâmicos no interior e na superfície da Terra. Foi Isaac Newton que, há mais de 300 anos, explicou os princípios básicos da gravitação e o conceito conhecido como força 'g'.

Na escola, geralmente aprendemos que g = de $9,8 \text{ m/s}^{-2}$. De fato, esse valor para a aceleração gravitacional foi, durante muito tempo, assumido como constante para todo o planeta. No entanto, à medida que ferramentas mais sofisticadas e sensíveis foram desenvolvidas, tornou-se evidente que a força da gravidade varia de lugar para lugar na superfície terrestre.

O valor padrão de 9,8 m/s^{-2} refere-se à Terra como uma esfera homogênea. Entretanto, na realidade, existem muitas razões para esse valor variar de um mínimo de 9,78 m/s^{-2} no equador até um máximo de 9,83 m/s^{-2} nos polos. Na realidade, é possível medir a variação de 'g' para mais de oito casas decimais, mas a questão é: o que causa essas pequenas, porém significativas mudanças?

O desvio mais significativo do valor-padrão de 'g' é um resultado da rotação da Terra. À medida que a Terra gira, sua forma é levemente achatada em um elipsoide, de modo que há uma distância maior entre o centro da Terra e a superfície no equador do que entre o centro da Terra e a superfície nos pólos. Essa distância maior, juntamente com a rotação da Terra, resulta na força da gravidade sendo mais fraca no equador do que nos pólos.

Em segundo lugar, a superfície da Terra não é homogênea, pois é composta por uma variação entre montanhas altas e fossas profundas no oceano, que fazem com que o valor da gravidade sofra variações. Em terceiro lugar, os materiais dentro do interior da Terra não são uniformemente distribuídos. Não apenas as camadas dentro da crosta e do manto são irregulares, mas também a distribuição de massa dentro das camadas não é homogênea.

Depósitos de petróleo e minerais ou reservatórios de água subterrânea também podem afetar sutilmente o campo gravitacional, assim como o aumento do nível do mar ou mudanças na topografia, como o movimento de folhas de gelo ou erupções vulcânicas. Mesmo grandes edifícios podem ter um efeito menor. Naturalmente, dependendo da localização, esses fatores são sobrepostos uns aos outros e também podem mudar com o tempo.

© ESA/HPF/DLR

Fonte: ESA, 2020a, tradução nossa.

2.3 Sistemas de projeções

Para adentrar o assunto das projeções cartográficas, é preciso primeiro compreender que a projeção é a representação de uma feição esférica em uma superfície plana. Segundo Rosa (2013, p. 32), as projeções cartográficas são "formas ou técnicas de representar a superfície terrestre em mapas. Essas técnicas ajudam os cartógrafos a amenizar o problema do arredondamento do planeta na elaboração de mapas". De acordo com Duarte (2002), para entender o conceito de projeção, é necessário pensar no princípio primário da projeção, que implica colocar um objeto (nesse caso, um globo) entre um feixe de luz e uma tela. Conforme o mesmo autor, "as imagens curvas do globo, ao serem projetadas na tela, irão adaptar-se à sua forma plana, com isso sofrendo uma série de distorções" (Duarte, 2002, p. 91).

Assim, em Cartografia, para a representação da Terra redonda em um mapa plano, é feita a utilização de sistemas de projeções que variam segundo o tipo de superfície adotada e o grau de distorção da superfície.

A superfície adotada em uma projeção pode ser cilíndrica, cônica ou azimutal. Nas projeções **cilíndrica** e **cônica**, o princípio geométrico consiste em envolver o cilindro ou o cone no globo e tornar as figuras planas, de modo que a rede que estava representada no globo se projete como um carimbo na parte interna do cilindro ou do cone e, ao se desenvolver (tornar-se plana), resulte em um mapa projetado, conforme representado na Figura 2.8 (a) e (b). No caso da projeção **azimutal**, também chamada *plana*, o princípio geométrico consiste em fazer a projeção diretamente no plano. Esse tipo de projeção favorece pequenas áreas, pois o plano tem um menor contato de área com o globo, como pode ser visto na Figura 2.8 (c).

Figura 2.8 – Princípios geométricos das projeções

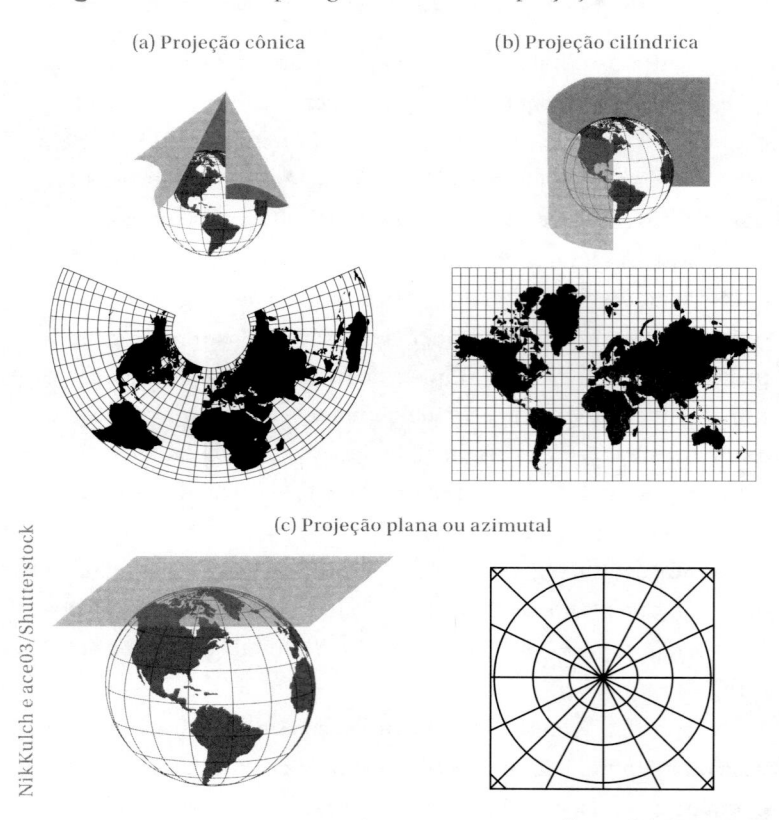

(a) Projeção cônica

(b) Projeção cilíndrica

(c) Projeção plana ou azimutal

NikKulch e ace03/Shutterstock

Fonte: Cristiane, 2020.

Com relação ao grau de distorção, as projeções caracterizam-se como **conformes**, **equivalentes** e **equidistantes**. É válido ressaltar que todas as projeções apresentam distorções, ou seja, não existe mapa que represente a Terra sem qualquer alteração. O que é possível fazer é utilizar a distorção mais adequada para o objetivo do mapeamento. O Quadro 2.5, a seguir, apresenta os tipos de projeção e seu grau de distorção.

Quadro 2.5 – Projeções segundo sua distorção

Projeção	Distorção
Conforme	"Mantém a grandeza dos ângulos, ou seja, a fisionomia dos elementos representados no mapa são as mesmas dos elementos na superfície terrestre."
Equivalente	"Mantém a proporção de tamanho entre áreas da superfície terrestre e as áreas representadas no mapa. Nesse caso, para manter inalterada a área, altera-se a forma da superfície."
Equidistante	"Conserva a relação entre os comprimentos medidos em certas direções."

Fonte: Elaborado com base em Duarte, 2002, p. 98-99.

Segundo D'Alge (2001), a produção de um mapa qualquer requer um método que possa relacionar os pontos da superfície terrestre a pontos correspondentes em uma superfície. Para o estabelecimento dessa correspondência, são criados diferentes sistemas de projeção. O Quadro 2.6 apresenta alguns dos sistemas de projeção mais utilizados e suas características.

Quadro 2.6 – Principais projeções e suas características

Projeção	Classificação	Aplicações	Características
Albers	Cônica Equivalente	Mapeamentos temáticos. Mapeamento de áreas com extensão predominante leste-oeste.	Preserva área. Substitui com vantagens todas as outras cônicas equivalentes.
Bipolar Oblíqua	Cônica Conforme	Indicada para base cartográfica confiável dos continentes americanos.	Preserva ângulos. Usa dois cones oblíquos.

(continua)

(Quadro 2.6 - continuação)

Projeção	Classificação	Aplicações	Características
Cilíndrica Equidistante	Cilíndrica Equidistante	Mapas-múndi. Mapas em escala pequena. Trabalhos computacionais.	Altera área e ângulos.
Gauss-Krüger	Cilíndrica Conforme	Cartas topográficas antigas.	Altera área (porém as distorções não ultrapassam 0,5%). Preserva os ângulos.
Estereográfica Polar	Azimutal Conforme	Mapeamento das regiões polares. Mapeamento da Lua, Marte e Mercúrio.	Preserva ângulos. Tem distorções de escala.
Lambert	Cônica Conforme	Mapas temáticos. Mapas políticos. Cartas militares. Cartas aeronáuticas.	Preserva ângulos.
Lambert Million	Cônica Conforme	Cartas ao milionésimo.	Preserva ângulos.
Mercator	Cilíndrica Conforme	Cartas náuticas. Mapas geológicos. Mapas magnéticos. Mapas-múndi.	Preserva ângulos.
Miller	Cilíndrica	Mapas-múndi. Mapas em escalas pequenas.	Altera área e ângulos.

(Quadro 2.6 – conclusão)

Projeção	Classificação	Aplicações	Características
Policônica	Cônica	Mapeamento temático em escalas pequenas.	Altera áreas e ângulos.
UTM	Cilíndrica Conforme	Mapeamento básico em escalas médias e grandes. Cartas topográficas.	Preserva ângulos. Altera áreas (porém as distorções não ultrapassam 0,5%).

Fonte: D'Alge, 2001, cap. 6, p. 14-15.

2.3.1 Projeção Universal Transversa de Mercator

A projeção Universal Transversa de Mercator (UTM) é uma projeção cilíndrica, transversa e conforme. É cilíndrica pois, como sabemos, seu princípio geométrico é o de um cilindro envolvente no globo, mas, nesse caso, na posição transversa. A projeção é conforme pois preserva a fisionomia dos elementos representados; no entanto, para isso, causa deformação das áreas, principalmente nas regiões próximas aos polos.

Figura 2.9 – Cilindro na posição transversa

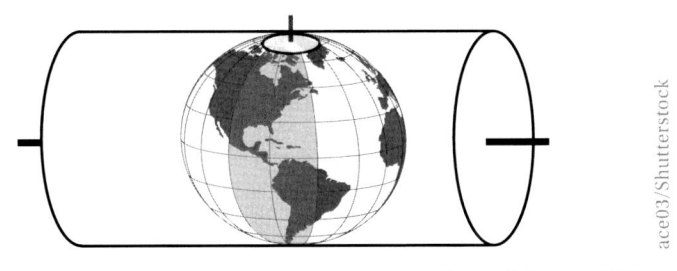

Fonte: Cristiane, 2020.

ace03/Shutterstock

Na projeção UTM, o globo é dividido em 60 fusos com 6° de longitude, iniciando-se a numeração no antimeridiano de Greenwich (ver Figuras 2.10 e 2.11). No sentido norte-sul, a extensão de cada fuso está entre 80° sul e 84° norte, os graus aumentam a partir da linha do equador de quatro em quatro e são representados pelas letras do alfabeto, que podem ser antecedidas pelas letras S ou N, dependendo do hemisfério – por exemplo, para o norte, de 0 a 4°, atribui-se a letra A ou NA; de 4° a 8°, a letra B ou NB, e assim por diante.

Figura 2.10 – Fusos do sistema UTM

Fonte: Cristiane, 2020.

Figura 2.11 – Representação do sistema de projeção UTM

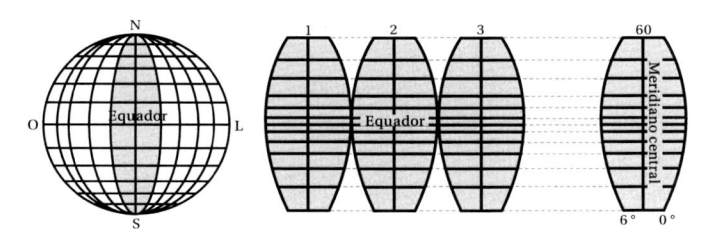

Fonte: Cristiane, 2020.

Nesse fuso, as coordenadas são medidas em metros (m) e formam uma grade cuja distância entre pararelos e meridianos varia de acordo com a escala de representação. Cada fuso conta com um meridiano central, que o divide em leste e oeste; a partir dele e da linha do equador (que passa em todos os fusos) são contadas as coordenadas. Por convenção, no sistema UTM, a letra N é atribuída a coordenadas no sentido N-S, e a letra E (leste – *east*) a coordenadas no sentido E-O. Para a localização de um par de coordenadas, é imprescindível que o usuário saiba o fuso em que o par de coordenadas está situado e se está ao sul ou ao norte do equador, isso porque os valores das coordenadas se repetem em todos os fusos.

As coordenadas são organizadas da seguinte maneira: 10.000.000 metros a partir da linha do equador em ordem decrescente na direção sul e 10.000.000 metros a partir da linha do equador em ordem crescente na direção norte. No sentido E-O, os valores de coordenadas são contados a partir do meridiano central de cada fuso. Na linha do equador, a extensão longitudinal de cada fuso é de aproximadamente 900.000 metros de extensão; no meridiano central, o valor é de 500.000 metros, descendo para oeste e crescendo para leste, conforme mostra a Figura 2.12, a seguir. O valor das coordenadas é próximo a 160.000 e 830.000 metros a oeste e a leste, respectivamente.

Figura 2.12 – Origem das coordenadas em um fuso UTM

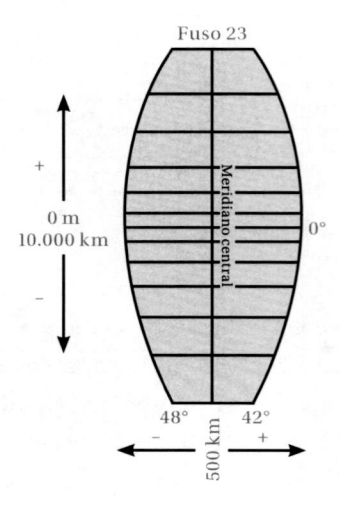

Fonte: Cristiane, 2020.

Em um SIG, é importante saber que o sistema UTM é utilizado majoritariamente quando os dados trabalhados se situam em apenas um fuso, pois, como as coordenadas se repetem em cada um deles, não é possível trabalhar com mais de um fuso em um mesmo plano de informação. Por exemplo, se você estiver trabalhando em um local do Estado de São Paulo que compreende uma área limítrofe entre o fuso 22S e 23S, será preciso converter para um outro sistema de coordenadas para que seja possível trabalhar com esse dado. No entanto, se a área toda em que se está trabalhando está compreendida no fuso 22S, é possível operar com a projeção UTM normalmente.

2.4 Sistemas de coordenadas geográficas

O sistema de coordenadas geográficas é o mais antigo entre os existentes (D'Alge, 2001) e fornece a localização de acordo com o cruzamento de um meridiano e um paralelo. Os **meridianos** são linhas imaginárias que ligam um polo a outro no sentido norte-sul. Essas linhas determinam a distância angular entre um local qualquer na superfície terrestre e o meridiano de origem (meridiano de Greenwich), contada sob um plano paralelo ao equador, conforme representado na Figura 2.13. Os valores de longitude variam de 0° (no meridiano de Greenwich) a 180° positivos a leste de Greenwich (Hemisfério Oriental) e de 0° a 180° negativos (Hemisfério Ocidental) a oeste de Greenwich. Já os **paralelos** são linhas imaginárias que circulam a Terra no sentido leste-oeste, variando de 0° a 90° positivos do paralelo central (linha do equador) até o Hemisfério Norte e de 0° a 90° negativos do paralelo central até o Hemisfério Sul.

Figura 2.13 – Globo representando a longitude e a latitude

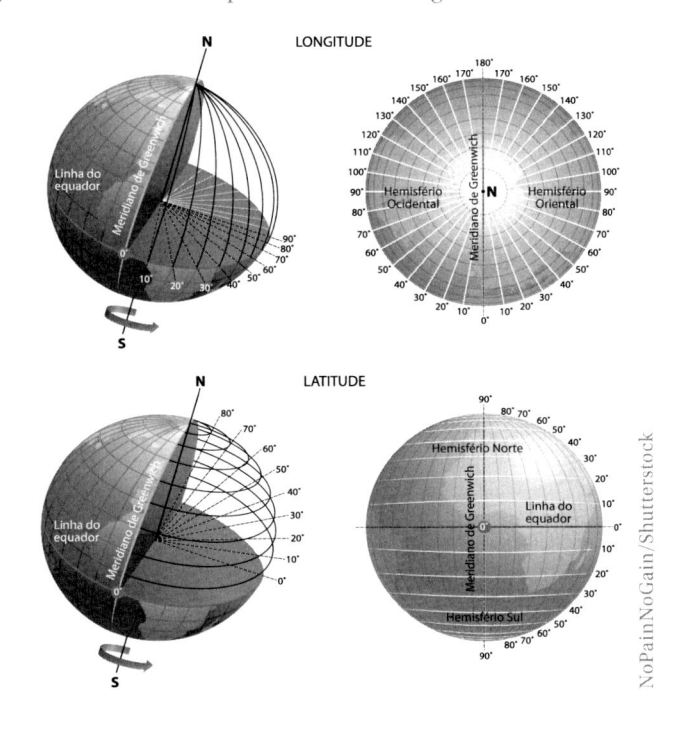

NoPainNoGain/Shutterstock

Fique atento!

Longitude é a distância angular entre um ponto na superfície terrestre e o meridiano de Greenwich, contada sob um plano paralelo ao equador. É representada pela letra grega λ.

Latitude é a distância angular entre um ponto na superfície terrestre e o equador, contada sob o plano do meridiano que passa no local. É representada pela letra grega φ.

2.5 Considerações sobre escala em Cartografia Digital

A escala consiste basicamente em uma proporção estabelecida entre a feição representada e o objeto no mundo real, que pode ser descrita de maneira gráfica ou numérica, e é um item obrigatório para dados geoespaciais, como dados mapeados ou imagens de satélite. Segundo Sampaio e Brandalize (2018), a escala vai além da proporção entre o real e o mapeado, incluindo questões sobre padrões de qualidade de dados cartográficos, que contam com elevada importância tanto na cartografia analógica (mapas em papel) quanto na cartografia digital. Os autores ainda afirmam que

> Distante da tradicional relação na qual a escala é definida a partir da relação entre a distância gráfica medida no mapa (d) e a distância real (D) correspondente no terreno, a noção de escala para dados cartográficos em meio digital apresenta particularidades e limitações que aumentam o nível de complexidade para a sua definição. (Sampaio; Brandalize, 2018, p. 80)

Desse modo, primeiramente, vamos considerar como é feita a relação entre a distância medida no mapa e a distância real. De acordo com o IBGE (1999, p. 25), a escala numérica é "a relação entre os comprimentos de uma linha na carta e o correspondente comprimento no terreno, em forma de fração com a unidade para numerador" e tem como base a seguinte fórmula:

$$E = \frac{d}{D}$$

Em que *E* é a escala, *d* é a distância no mapa e *D* é a distância real.

Ainda conforme o IBGE (1999), comumente as escalas "têm para numerador a unidade e para denominador, um múltiplo de 10". Por exemplo:

$$E = \frac{d}{500.000}$$

Para a indicação da escala numérica, utilizam-se dois pontos (:), do seguinte modo:

1:25.000

Assim, 1 centímetro no mapa corresponde a 25 mil centímetros no terreno. Quanto maior for uma escala, menor será o valor de seu denominador; portanto, uma escala de 1:25.000 é maior do que uma escala de 1:50.000, por exemplo.

Os dados em um SIG apresentam características bastante dinâmicas se comparadas às de dados impressos e, com isso, torna-se mais complexo trabalhar com os fatores que determinam a escala e o padrão de qualidade dos dados geoespaciais.

2.5.1 Cartografia Digital: o espaço geográfico em camadas

Alguns dos aspectos que revolucionaram a Cartografia em termos de método foram a facilidade da representação de dados específicos e a variedade de possibilidades para a obtenção de dados. No início da história da Cartografia, os mapas eram construídos com base apenas em observação; com o passar do tempo, foram produzidas ferramentas para aprimorar as medições e, por consequência, as obras de infraestrutura da sociedade.

Conforme Sampaio e Brandalize (2018), as bases cartográficas impressas têm sua escala definida principalmente em razão do padrão de exatidão cartográfica (PEC) e da qualidade da fonte dos dados de base (imagem de satélite, por exemplo); assim, todas as informações mapeadas apresentam a mesma escala. Em uma carta topográfica de escala 1:25.000, por exemplo, assume-se que todos os itens presentes na carta, planimétricos e altimétricos, contam com a mesma escala.

O mapeamento digital, também chamado *Cartografia Assistida por Computador* (CAC), resultou em um aumento da variação de fontes de dados e, por consequência, de escalas e recursos tecnológicos e humanos. As bases cartográficas hoje dificilmente têm sua origem na digitalização e na vetorização de cartas topográficas, e sim no mapeamento direto e na vetorização de elementos no terreno por meio de imagens de satélite, de classificação automática de imagens mediante o uso de *softwares* específicos, entre outras formas. Ao unir esses dados para criar um mapa específico, fica-se sujeito a mesclar dados com padrões de qualidade diferenciados, e isso tem uma consequência na qualidade do produto final. Sampaio e Brandalize (2018, p. 82) afirmam que

> Fotos áreas convencionais, imagens capturadas por aeronaves remotamente tripuladas, imagens de satélite

de baixa, média e alta resolução, pontos amostrais para geração de modelos interpolados, levantamentos feitos por GPS e outros produtos, fornecem às bases cartográficas em meio digital uma complexa relação dos dados com a noção de escala.

A Cartografia Digital possibilita a representação do mundo real em camadas, nas quais as informações são armazenadas e individualizadas em um nível lógico. Observe um exemplo na Figura 2.14, a seguir. Se o interesse do técnico ou pesquisador for o mapeamento topográfico e hidrográfico, por exemplo, então em um SIG será possível mapear cada uma das camadas (*layers*, em inglês) separadamente. Após a separação das camadas, pode-se sobrepô-las, criando-se o que conhecemos como *overlay*. A junção de diferentes camadas de informação possibilita uma gama de análises sobre os fenômenos que ocorrem no espaço, e nessa relação está a estreita associação entre o processo de mapeamento ligado à Cartografia Digital e o processo de análise ligado ao Geoprocessamento.

Figura 2.14 – Camadas de representação do mundo real em Cartografia Digital

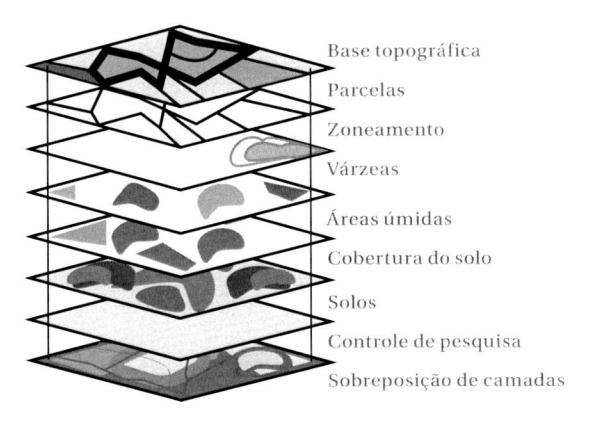

Base topográfica
Parcelas
Zoneamento
Várzeas
Áreas úmidas
Cobertura do solo
Solos
Controle de pesquisa
Sobreposição de camadas

Fonte: Siddique, 2015, p. 2.

Exemplo prático

Vamos supor que exista uma área de interesse a respeito da qual um pesquisador precisa realizar uma avaliação ambiental. O primeiro passo seria montar um banco de dados sobre os aspectos ambientais da área. O pesquisador, então, buscaria saber nos órgãos ambientais se há disponível um mapeamento da área de interesse. Para utilizar as bases cartográficas encontradas, o pesquisador teria de atentar para a data de obtenção de dados e a escala de mapeamento, bem como para o método e o detalhamento gráfico utilizados. Tendo em vista que as bases foram confeccionadas em diferentes locais e datas, seria preciso verificar se o cruzamento desses dados é possível. Nesse contexto, trabalhar com escala de dados geoespaciais é mais complexo do que trabalhar com mapas impressos, já que o mapeamento de diferentes feições do mesmo local em camadas pode causar confusão no que se refere à escala.

Para Sampaio e Brandalize (2018), três elementos são importantes na definição da escala de dados geoespaciais: (1) acurácia posicional, (2) fonte de dados e (3) nível de generalização. A **acurácia posicional** está relacionada às normas de mapeamento para obter a exatidão cartográfica dos dados. A **fonte de dados** está associada ao tipo de ferramenta utilizada, considerando-se, por exemplo, se o dado foi obtido mediante o uso de um aparelho GPS ou por meio da vetorização de uma imagem de satélite. Por fim, o **nível de generalização** diz respeito à geometria das feições mapeadas, segundo sua complexidade e seu tamanho. O Quadro 2.7, a seguir, apresenta um resumo desses importantes elementos relacionados à escala em Cartografia Digital.

Quadro 2.7 – Aspectos a serem considerados na escala de dados geoespaciais

Acurácia posicional	Fonte de dados	Nível de generalização
» Mensurada por meio do PEC. » Valores de referência segundo o Decreto n. 89.817, de 20 de junho de 1984 (Brasil, 1984). » Classificação da acurácia posicional nas classes A, B e C. » Adequação entre escala, acurácia posicional e vetorização de camadas.	» Direta: (I) em receptores GNSS (utilizados em *smartphones*, *tablets*, GPS), a acurácia pode variar de 1 m a mais de 20 m 90% do tempo de coleta; (II) em receptores topográficos (utilizados em pares, uso restrito ao alcance da estação), a acurácia pode variar de centímetros ao nível submétrico; (III) em receptores geodésicos (usados em levantamentos que serão usados como referência). » Indireta: (I) vetorização de imagens (satélite, aéreas, radar); (II) digitalização e vetorização de bases cartográficas preexistentes.	» Refere-se à adequação da geometria das feições à escala. Relaciona-se com a dimensão mínima mapeável (DMM) (não inclusão de feições em um mapa digital em função das dimensões mínimas definidas para o mapeamento) e com a densidade de vértices por unidade linear (DVUL) (distância entre os vértices que compõem linhas e polígonos nos mapas; resulta na complexidade da geometria desenhada).

Fonte: Elaborado com base em Sampaio; Brandalize, 2018.

A questão do mapeamento em camadas é bastante presente nos conteúdos de SIG e Cartografia, principalmente porque é muito comum o cruzamento de dados para diversos tipos de análise ambiental ou social. Os dados georreferenciados advindos do trabalho em Cartografia Digital servem como base para o Geoprocessamento, assim como a utilização desses dados, por isso podemos chamá-los de *base cartográfica*, sendo sua fonte pública ou privada.

A base de dados sempre causará impacto no resultado das análises em Geoprocessamento. Dessa forma, é preciso considerar que a representação cartográfica é uma generalização e um modelo da realidade, razão pela qual apresenta limitações que não podem ser omitidas. Portanto, o conhecimento dessas limitações impõe a necessidade de ter maior cuidado ao fazer uso de dados geoespaciais, fazendo-se sempre uma análise crítica acerca do trabalho que se está produzindo.

Síntese

O Geoprocessamento tem estreita relação com a Cartografia, pois trabalha com dados geoespaciais, que têm, entre suas características, a localização no espaço referenciada por um sistema conhecido de coordenadas. Com isso, é importante que o usuário de um SIG ou o analista em Geoprocessamento dominem conceitos básicos de Cartografia, essenciais para a correta manipulação de dados espaciais. Neste capítulo, abordamos tais conceitos, como os tipos de produtos cartográficos, os modelos de representação da Terra e os sistemas de projeções e de coordenadas. Também tratamos do conceito de escala e buscamos elucidar as particularidades de escala para dados em Cartografia Digital.

Indicações culturais

TODO mapa tem um discurso. Direção: Francine Albernaz e Thaís Inácio. Brasil, 2014. 61 min. Documentário. Disponível em: <https://vimeo.com/93081871>. Acesso em: 13 jul. 2020.

Um dos assuntos bastante discutidos em Cartografia atualmente é a representatividade nos mapas. Coloca-se a questão: Por quem e para quem os mapas são produzidos? Esse documentário discute a ausência de algumas comunidades e favelas cariocas no mapeamento do Google Maps, expondo a opinião da comunidade sobre o assunto. É uma boa oportunidade para refletir sobre as fontes de dados e sobre a internacionalização da Cartografia Digital aliada à internet atualmente.

ICGEM – International Centre for Global Earth Models. Disponível em: <http://icgem.gfz-potsdam.de/home>. Acesso em: 13 jul. 2020.

Para conhecer e observar os modelos geoidais já elaborados de forma dinâmica, você pode visitar o site do Centro Internacional de Modelos Globais da Terra (ICGEM) e acessar a opção Static Models. *É possível acessar os modelos em três dimensões e interagir de maneira dinâmica com o globo.*

Atividades de autoavaliação

1. Tendo como base seus conhecimentos sobre projeções cartográficas, relacione corretamente os tipos de projeção às respectivas características:
   ( ) Projeção conforme
   ( ) Projeção equidistante
   ( ) Projeção equivalente

1) Mantém inalterada a grandeza dos ângulos (a forma ou fisionomia dos elementos é igual àquela da superfície terrestre).
2) Conserva a relação entre as áreas da superfície terrestre e as representadas no mapa.
3) Conserva a relação entre comprimentos medidos em certas direções.

Agora, assinale a alternativa que apresenta a sequência correta:
a) 1, 2, 3.
b) 1, 3, 2.
c) 3, 2, 1.
d) 2, 1, 3.
e) 3, 1, 2.

2. A escala de um mapa fornece a proporção entre o objeto representado e sua representação e é mostrada como uma fração entre o tamanho da representação e o objeto. Com base em seus conhecimentos sobre escala, leia as afirmativas a seguir e marque com V as verdadeiras e com F as falsas:

( ) A distância real, em quilômetros, de uma reta com 14,5 cm em uma carta topográfica com escala 1:250.000 é igual a 36,25 km.

( ) Em um mapa em escala 1:50.000, a distância em linha reta entre dois pontos é de 8 cm, e a distância real é de 4.000 m.

( ) A escala de 1:250.000 é maior do que a escala 1:50.000.

Agora, assinale a alternativa que apresenta a sequência correta:
a) F, F, V.
b) V, F, F.
c) F, V, V.
d) V, V, F.
e) F, V, F.

3. Com base em seus conhecimentos sobre modelos de representação da Terra, analise as afirmativas a seguir:
   I. O geoide é um modelo matematicamente definido da superfície terrestre. Sua principal característica é o achatamento na região dos polos.
   II. O elipsoide é um modelo matemático da superfície terrestre. Sobre ele são desenvolvidos os sistemas de referência geodésicos.
   III. A medição do campo gravitacional da Terra é o método de obtenção de dados para a construção de seu modelo físico.

   É correto o que se afirma em:
   a) II e III.
   b) I, II e III.
   c) I e II.
   d) I e III.
   e) I apenas.

4. Observe a imagem a seguir:

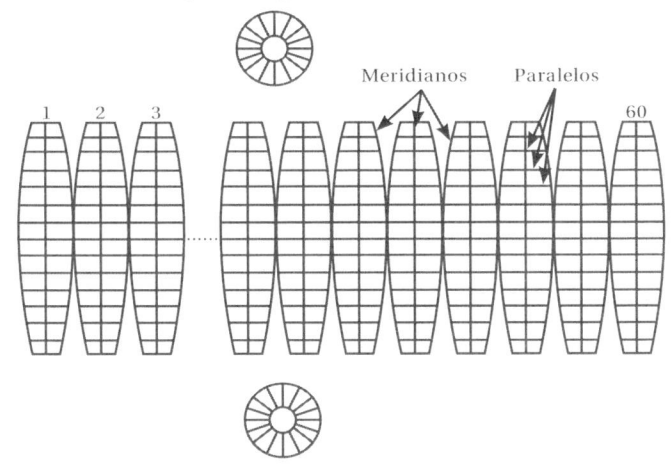

Fonte: Pancher; Freitas, 2020, p. 5.

Com base na imagem e nos conteúdos estudados sobre projeções cartográficas, marque com V as afirmativas verdadeiras e com F as falsas:

( ) A projeção representada na imagem corresponde à projeção cônica de Lambert, cujo princípio geométrico é o envolvimento do globo em um cone.

( ) A projeção Universal Transversa de Mercator (UTM) divide o globo em 60 fusos de 6° cada, e cada fuso apresenta um meridiano central a partir do qual são medidas as coordenadas de longitude.

( ) A projeção representada na imagem corresponde à projeção Universal Transversa de Mercator (UTM), cujo princípio geométrico é o envolvimento do globo em um cilindro transverso.

Agora, assinale a alternativa que apresenta a sequência correta:
a) V, V, F.
b) F, F, V.
c) F, V, V.
d) V, F, V.
e) F, V, F.

5. Considerando os conteúdos vistos sobre a relação entre Cartografia e Geoprocessamento, analise as seguintes proposições:

I. Os conceitos básicos de Cartografia são necessários no estudo e na prática do Geoprocessamento.

PORQUE

II. A base de dados geoespaciais apresenta aspectos que são diretamente relacionados aos processos de mapeamento da Cartografia Digital.

A respeito dessas asserções, é correto afirmar:
a) As asserções I e II são proposições verdadeiras, e a II é uma justificativa correta da I.
b) As asserções I e II são proposições verdadeiras, mas a II não é uma justificativa correta da I.
c) A asserção I é uma proposição verdadeira, e a II é uma proposição falsa.
d) A asserção I é uma proposição falsa, e a II é uma proposição verdadeira.
e) As asserções I e II são proposições falsas.

Atividades de aprendizagem

Questões para reflexão

1. Considere as questões de escala relacionadas ao mapeamento em meio digital. Faça uma pesquisa sobre as bases cartográficas do estado em que você vive e verifique quais são as variações de escala presentes nesse mapeamento. Busque pelo menos duas representações (por exemplo: hidrografia e uso da terra). Identifique as diferenças quanto à escala e à data de mapeamento e elabore uma discussão sobre as limitações do uso desse tipo de dado.

2. Pesquise modelos geoidais em artigos científicos e em livros de Cartografia e Geodésia e faça um resumo explicando a relação entre o modelo geoidal e o mapeamento do campo gravitacional da Terra.

Atividade aplicada: prática

1. O mapeamento digital é uma tarefa bastante comum em Geoprocessamento. O processo de desenhar as formas no mapa com base em uma imagem de fundo é chamado de *vetorização*. Ao vetorizar feições em meio digital, é possível perceber o quanto a Cartografia e o Geoprocessamento estão interligados.

   Acesse a plataforma de uso livre OpenStreetMap e pesquise seu bairro ou o endereço de sua casa. Depois de encontrar seu endereço no mapa, utilizando a ferramenta <u>Começar a mapear</u>, faça o mapeamento do entorno de sua casa, classificando os nomes das ruas, o número das residências e demais características que julgar importantes.

   OPENSTREETMAP. Disponível em: <https://www.openstreetmap.org>. Acesso em: 10 ago. 2020.

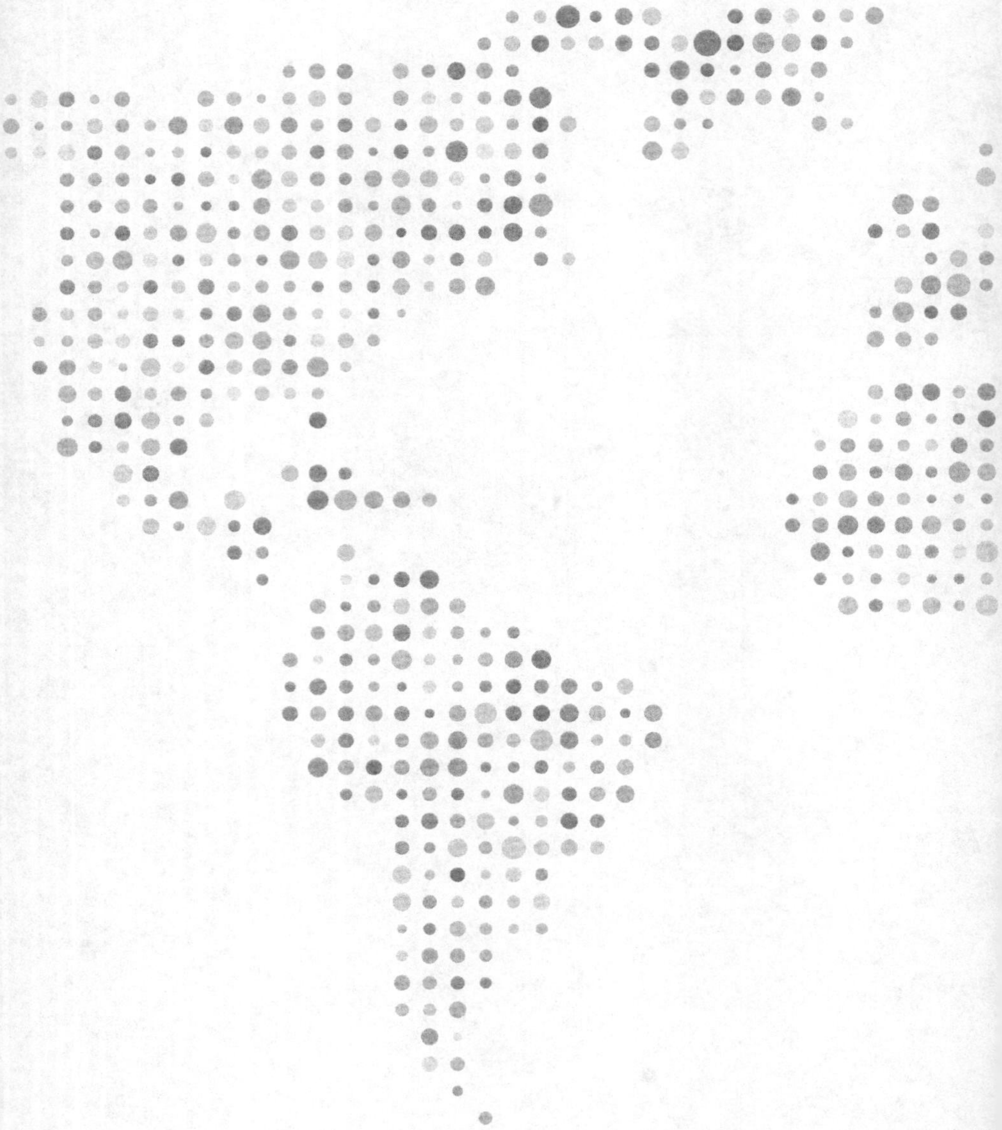

3
Aquisição de dados geoespaciais

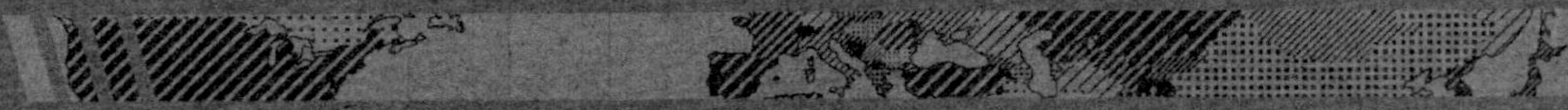

Monyra Guttervill Cubas

Neste capítulo, trataremos da coleta de dados geográficos digitais, que é responsável pela chamada *base cartográfica* dentro do Geoprocessamento. Essa coleta ocorre, basicamente, por meio de levantamentos terrestres e aéreos, vetorização e digitalização. Nesse sentido, o *Global Navigation Satellite System* (GNSS) e o Sensoriamento Remoto (SR) destacam-se como as principais fontes de dados para os Sistemas de Informação Geográfica (SIGs), pois é por meio deles que diferentes formatos de dados (vetorial e/ou matricial) são obtidos.

3.1 Posicionamento geodésico

A Geodésia pode ser entendida como a ciência que estuda a forma (geoide e elipsoide), as dimensões e o campo de gravidade da Terra. Seu objetivo é a determinação das dimensões e da forma da Terra por meio do levantamento de pontos escolhidos sobre a própria Terra (Gemael, 2012). Mesmo que sua principal finalidade seja científica, ela é empregada como estrutura básica do mapeamento e de trabalhos topográficos, constituindo esses fins práticos a razão de seu desenvolvimento e de sua realização (IBGE, 1999).

Uma vez que a superfície do planeta Terra é irregular, é preciso utilizar um modelo geométrico que possa apoiar os levantamentos terrestres. Dessa maneira, é por meio dos levantamentos geodésicos que são estabelecidos os referenciais físico e geométrico necessários ao posicionamento dos elementos que compõem o território (IBGE, 1999).

Os levantamentos geodésicos podem ser divididos em: de alta precisão, de precisão e para fins topográficos. Quanto aos métodos empregados, costuma-se considerar as seguintes categorias: levantamento planimétrico, levantamento altimétrico e levantamento gravimétrico.

Há algumas décadas, a densificação da rede geodésica – e até mesmo o estabelecimento de apoios geodésicos de ordem menor – era realizada por meio de métodos clássicos, como a poligonação, a triangulação e a trilateração. Foi com o advento do primeiro sistema global de navegação por satélite (*Global Navigation Satellite System* – GNSS) e com a evolução da tecnologia computacional que se tornou possível determinar coordenadas geodésicas de maneira mais rápida, precisa e, consequentemente, mais barata.

3.2 Posicionamento GNSS

O GNSS contempla sistemas de navegação com cobertura global, entre os quais se encontram os sistemas NAVSTAR-GPS (estadunidense), Galileo (europeu), Glonass (russo) e BEIDOU/COMPASS (chinês). Essa rede de sistemas de navegação tem como vantagem disponibilizar continuamente ao usuário sua localização, com alto nível de cobertura.

Para que essa cobertura ocorra, é preciso que uma constelação de satélites apresente, no mínimo, três satélites para determinar as coordenadas tridimensionais do receptor na superfície terrestre (X, Y, Z), sendo que um quarto satélite é utilizado para sincronizar o tempo e aumentar a confiabilidade.

O posicionamento por GNSS pode ser realizado por diferentes métodos e procedimentos. De acordo com o IBGE (2008), as coordenadas adquiridas pelo sistema conhecido pela sigla GPS – *Global Positioning System* (Sistema de Posicionamento Global) podem ser lidas de duas formas básicas:

1. **Posicionamento absoluto** (também chamado *posicionamento por ponto*) – utiliza-se apenas um receptor GPS para a realização das leituras, de maneira isolada, quando a precisão exigida é fixada pela acurácia do aparelho. Conforme Monico (citado por IBGE, 2008), esse método não atende aos requisitos de precisão necessários ao posicionamento topográfico e geodésico. No entanto, para Alves, Abreu e Souza (2013), o posicionamento por ponto preciso pode alcançar acurácia centimétrica e representa o estado da arte no posicionamento por ponto (ver a Figura 3.1).
2. **Posicionamento relativo** – utilizam-se pelo menos duas estações de trabalho que fazem a leitura simultânea dos mesmos satélites. Um receptor é instalado em um ponto cujas coordenadas são conhecidas, que constitui a base do levantamento, e outro receptor móvel percorre os pontos de coleta de dados. Esse método é um dos mais empregados e deve ser utilizado quando se requerem precisões maiores do que no método absoluto (ver Figura 3.1).

Figura 3.1 – Posicionamentos absoluto (à esquerda) e relativo (à direita)

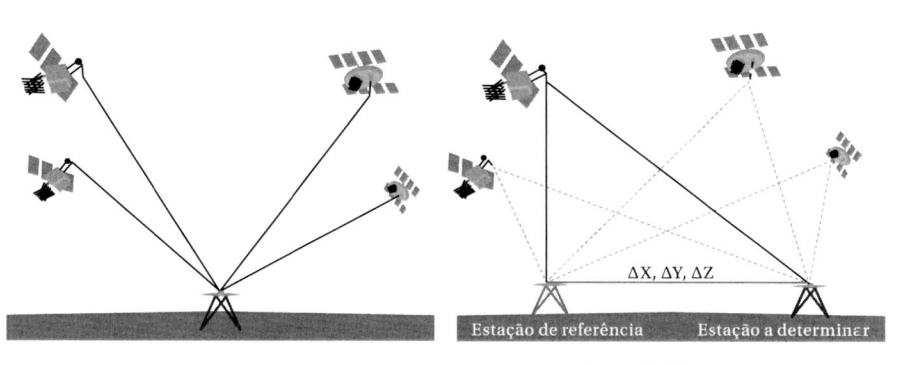

Fonte: IBGE, 2008, p. 7, 8.

Para Santos e Sá (2006), a utilização dos receptores GPS em levantamentos terrestres tem vários benefícios em relação aos métodos tradicionais de posicionamento, entre eles alta precisão, simplicidade operacional, rapidez e baixo custo. Para que se alcance a tão almejada alta precisão, devem ser adotados critérios relacionados à aquisição e ao processamento de dados, como duração da sessão, tipo de receptores, comprimento e número de bases. Esses critérios são definidos em função das características de cada levantamento (precisão requerida, extensão da área e resolução espacial).

Os métodos de posicionamento têm sido aprimorados constantemente com o intuito de se realizar um posicionamento de alta acurácia; além disso, novas técnicas surgem a todo instante. Por isso, é importante lembrar que a escolha final deve recair sobre a acurácia almejada em determinado levantamento.

3.3 Levantamentos topográficos

A topografia visa medir e calcular áreas restritas da superfície terrestre. Na NBR 13133, de 1994, a Associação Brasileira de Normas Técnicas (ABNT) define o levantamento topográfico como o "conjunto dos métodos e processos que utilizam as medições de ângulos (horizontais e verticais) e distâncias (horizontais, verticais, inclinadas) com os instrumentos apropriados para a implantação de pontos de apoio no terreno e a determinação de suas coordenadas topográficas" (ABNT, 1994, p. 3).

Para os levantamentos topográficos, deve ser seguida a norma citada, a NBR 13133/1994, que estabelece as condições exigíveis para a sua execução. Os levantamentos topográficos se subdividem em planimétricos, altimétricos (ou nivelamento) e planialtimétricos. O levantamento topográfico para obter coordenadas dos vértices com maior precisão se utiliza de estações totais e receptores GNSS.

Para representar áreas de grande extensão, não se pode dispensar a curvatura terrestre, situação em que os trabalhos de medição devem fundamentar-se em pontos de apoio geodésicos baseados no modelo elipsoidal.

Nas obras e nos projetos de construção civil, o levantamento topográfico exige o uso de equipamentos, como o mostrado na Figura 3.2 (a), e costuma ser o primeiro passo e a base para as próximas etapas. Por meio dele, são feitos estudos de altimetria das áreas e cálculos de cortes e aterros, por exemplo. Com o levantamento realizado de maneira correta, evitam-se erros, custos desnecessários e até graves acidentes. É importante frisar que muitos órgãos governamentais diferentes exigem o levantamento topográfico como parte obrigatória do processo de construção.

A utilização do *laser scanner* 3D, mostrado na Figura 3.2 (b), também representa uma nova era para levantamentos topográficos. A grande quantidade de pontos, a riqueza de detalhes obtidos e o curto tempo dispensado na operação revelam-se como grandes vantagens em comparação com os equipamentos tradicionais.

Figura 3.2 – Estação total (a) e *laser scanner* (b) usados para levantamentos terrestres

(a) (b)

Dmitry Kalinovsky e Baloncici/Shutterstock

3.4 Levantamentos aéreos

Baseados na utilização de equipamentos aero ou espacialmente transportados, como câmeras (fotográficas e métricas) e sensores, os levantamentos aéreos objetivam descrever a superfície topográfica em relação a uma determinada superfície de referência. Assim, podemos entender o aerolevantamento como "o conjunto das operações aéreas e/ou espaciais de medição, computação e registro de dados do terreno com o emprego de sensores e/ou equipamentos adequados, bem como a interpretação dos dados levantados ou sua tradução sob qualquer forma" (Brasil, 1971, art. 3º).

De acordo com Moreira (2001), a captura das propriedades espectrais dos alvos da superfície terrestre com sistemas sensores pode ser feita em três níveis: (1) terrestre, (2) suborbital e (3) orbital. No nível suborbital, são utilizadas aeronaves como plataforma de coleta. Em nível orbital, empregam-se os satélites não tripulados e é possível o recobrimento de grandes áreas da superfície terrestre. Os dados de SR podem ser adquiridos por sistemas sensores de varredura, sistemas fotográficos, radar, lidar etc.

Fique atento!

O termo *Sensoriamento Remoto* (SR) deriva do inglês *Remote Sensing* (RS) e, em alguns países de língua portuguesa, também é conhecido como *Teledetecção* ou *Detecção Remota*.

Não há um conceito ou uma definição única de *Sensoriamento Remoto*, havendo interpretações diferentes e até mesmo divergentes. Assim, cabe considerar que "Sensoriamento Remoto tem sido definido de várias maneiras, mas, basicamente é a arte ou ciência de dizer algo sobre um objeto sem tocá-lo.". (Fischer; Hemphill; Kover, 1976, p. 34).

De maneira resumida, a Figura 3.3, a seguir, mostra como ocorre a aquisição de informação sobre um alvo por meio do SR. São atividades que envolvem detecção, aquisição e análise da energia eletromagnética emitida ou refletida pelos objetos e registradas pelos sensores.

Figura 3.3 – Princípios físicos do SR

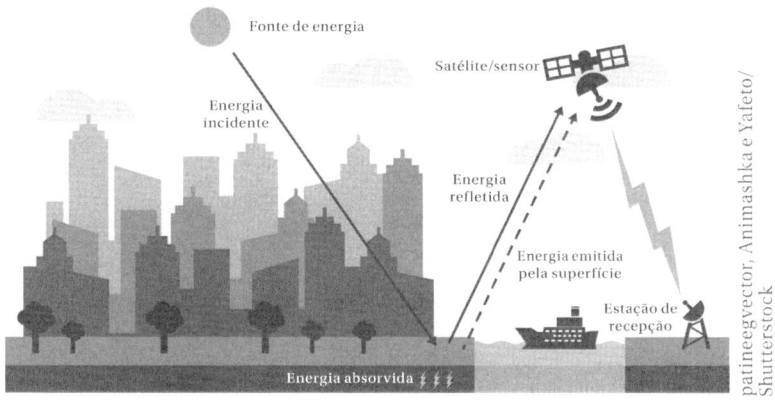

Na sequência, apresentamos as principais faixas do espectro eletromagnético (EM) utilizadas em SR.

» **Faixa do micro-ondas** – por ser pouco afetada pela atmosfera, o uso de sensores é possível em qualquer condição de tempo, como em dias com densa cobertura de nuvens. É possível imageamento ativo por radar, inclusive com imageamento noturno. Dados obtidos nessa faixa podem ser usados para estudo do relevo e da água na superfície terrestre.

» **Faixa do infravermelho (IV ou IR, de *InfraRed*)** – apresenta subdivisões: infravermelho próximo, infravermelho médio e infravermelho termal. Esse tipo de radiação é facilmente absorvido pela maioria das substâncias (efeito de aquecimento). Tem grande importância no estudo da vegetação, na geologia e no monitoramento da atividade industrial por intermédio da distribuição de calor. O infravermelho termal é comumente usado em estudos da temperatura da superfície terrestre.

» **Faixa do visível** – essa porção é conhecida também como *luz* e ocupa uma porção relativamente pequena do espectro, sendo a única visível aos nossos olhos. Imagens obtidas nessa faixa apresentam correlação com a experiência visual do intérprete; trata-se, assim, da principal porção do espectro eletromagnético utilizada em SR. É também a única porção que podemos associar com o conceito de cor, sendo subdividida didaticamente em: violeta, azul, ciano, verde, amarelo, laranja e vermelho. Essa região está representada na Figura 3.4, a seguir.

» **Faixa do ultravioleta (UV)** – é utilizada em estudos ambientais para detecção de minerais e rochas por luminescência e poluição marinha, uma vez que eles emitem luz quando expostos a essa radiação. Porém, a forte atenuação atmosférica nessa faixa é o grande obstáculo em sua utilização, que é pouco frequente em SR. A porção ultravioleta do espectro eletromagnético tem os comprimentos de onda mais curtos e sua radiação UV pode ser subdividida em UV próximo, UV distante e UV extremo.

Figura 3.4 – Distribuição de cores do espectro visível

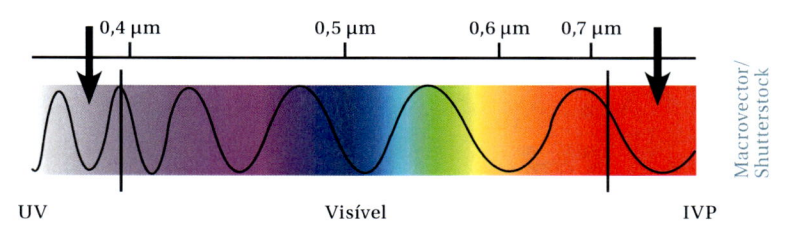

UV — 0,4 µm — 0,5 µm — 0,6 µm — 0,7 µm — Visível — IVP

Macrovector/Shutterstock

Fonte: Di Maio et al., 2008, p. 6.

Fique atento!

Mencionamos aqui dois termos importantes: *comprimento de onda* e *frequência*. Ambos se referem a propriedades da radiação eletromagnética. Quanto maior for o comprimento de onda da radiação, menor será sua frequência. O comprimento de onda é a distância de um pico de onda a outro, ao passo que a frequência é medida pelo número das ondas que passam por um ponto do espaço em um determinado tempo. A unidade para frequência é o hertz (Hz), e a unidade para comprimento de onda é o metro (m).

3.5 Sensores remotos

Os olhos do ser humano são considerados sensores naturais, mas com restrições se comparados aos sensores artificiais, visto que permitem enxergar apenas a luz ou a energia visível. No SR são considerados apenas os sensores que são capazes de detectar a energia eletromagnética.

Para Fitz (2008, p. 97), "sensores podem ser entendidos como dispositivos capazes de captar a energia refletida ou emitida por uma superfície qualquer e registrá-la na forma de dados digitais diversos (imagens, gráficos, dados numéricos etc.)".

Os sensores podem ser câmeras fotográficas, sistemas de varredura (escâneres), radares, entre outros. Eles podem ser instalados a bordo de plataformas terrestres, aéreas (aviões, balões, drones ou Vants) e orbitais (satélites artificiais) e são classificados, de maneira geral, em ativos e passivos, de acordo com a origem da fonte de energia.

Os **sensores ativos** dispõem de fonte de energia própria e são capazes de emitir energia em direção ao alvo na superfície da Terra. Os objetos são atingidos pela radiação, que, então, é refletida e captada pelo sensor acoplado ao satélite. Um exemplo de sensor ativo é o radar. Radares produzem uma fonte de energia própria na região de micro-ondas, tornando possível a captura de dados não somente durante o dia, mas também durante a noite, além de praticamente não sofrerem interferências do tempo meteorológico. São exemplos de sensores ativos: *laser scanning*, radar altimétrico, radar imageador.

Fique atento!

O **lidar** (do inglês *Light Detection And Ranging*) é um exemplo de sensor ativo e consiste basicamente em uma tecnologia óptica de detecção remota destinada a obter informação a distância e/ou por varredura a respeito de um objeto distante, sendo capaz de gerar dados de altitude e dos elementos da superfície. Em português, também são comuns os termos *sistema de varredura a laser* e *sistema de perfilamento a laser*. No método chamado *laser pulsado*, a distância do sensor até a superfície abaixo de sua plataforma é determinada pela medida do tempo entre o sinal emitido e a detecção do sinal refletido. No pós-processamento, os dados *laser* são combinados com dados de posição e orientação da plataforma para a criação de uma nuvem de pontos georreferenciados.

O **radar** (do inglês *Radio Detection And Ranging*, que significa "detecção e telemetria por rádio") é outro exemplo de sensor ativo que emite e recebe radiação eletromagnética na faixa do micro-ondas, incluindo comprimentos de onda de 1 mm a 1 m. Sua principal vantagem é poder atuar em quaisquer condições atmosféricas, o que permite a obtenção de imagens em qualquer situação de nebulosidade e de tempo atmosférico. Como é um sensor ativo, também pode atuar durante a noite. Muitas feições na superfície terrestre podem ser mais bem discriminadas com imagens de radar, uma vez que são comparadas aos dados ópticos de SR, como gelo, áreas úmidas e inundadas, biomassa, estruturas geológicas, entre outras. Um fato importante na história de nosso país foi o projeto RadamBrasil, operado nas décadas de 1970 e 1980. Foi realizado um imageamento com imagens de radar responsável pelo fornecimento do único mapeamento sistemático de todo o território, em escala 1:250.000 com folhas temáticas de 1:1.000.000. Cada volume publicado foi dividido em cinco seções (geologia, geomorfologia, pedologia, vegetação, uso potencial da terra).

Já os **sensores passivos** (ou ópticos) não dispõem de fonte própria de energia, por isso precisam de uma fonte de energia externa para captar a radiação solar refletida pelo alvo ou, então, a radiação emitida naturalmente pelo alvo. O Sol é a fonte de energia natural mais empregada e permite que esses sensores registrem a radiação emitida ou refletida por um objeto. Sensores passivos que utilizam a reflexão da energia solar só podem operar durante o dia. Há sensores passivos que medem o comprimento de onda relacionado à temperatura da superfície terrestre e, assim, não utilizam a iluminação solar, podendo operar também durante a noite. A maioria das imagens de satélite disponíveis provém de sensores passivos. São exemplos de sensores passivos: câmera aérea, *scanner* multiespectral, espectrômetro imageador, *scanner* termal, radiômetros.

Perguntas & respostas

O que são satélites artificiais?

São equipamentos produzidos pelo ser humano e colocados na órbita do planeta Terra ou de outro corpo celeste. Eles são lançados e posicionados no espaço com o auxílio de foguetes. Destinam-se, em sua maioria, às telecomunicações, mas também ao monitoramento dos recursos naturais, à meteorologia, ao uso restrito militar, à navegação (GNSS) etc.

Todos precisam de energia para funcionar, por isso são dotados de painéis solares responsáveis por captar energia solar para seu próprio funcionamento. Dispõem também de antenas para comunicação com a equipe que está controlando e recebendo dados em superfície. Além das antenas, são compostos de transmissores, diversos tipos de sensores, câmeras, sistema de navegação e outros instrumentos científicos importantes para o cumprimento da missão de que fazem parte.

3.6 Comportamento espectral de alvos

O comportamento espectral de alvos é o estudo da reflectância espectral de objetos, como vegetação, solos, minerais e rochas, água, entre outros, ou seja, é o estudo da interação da radiação eletromagnética (REM) com diferentes objetos (e sua composição) da superfície terrestre.

Uma das premissas do SR é que cada alvo na superfície terrestre tem uma característica única de reflexão e emissão de energia eletromagnética. Assim, é possível medir a reflectância de todos esses alvos para cada tipo de radiação que compõe o espectro eletromagnético e, por meio disso, perceber que a reflectância de um mesmo objeto pode ser diferente para cada tipo de radiação que o atinge.

A radiação, ao incidir sobre um objeto qualquer da superfície terrestre, pode ser refletida, absorvida ou até mesmo transmitida. O fator que mede a capacidade de um objeto de refletir energia radiante indica sua reflectância; já a capacidade de absorver energia radiante é indicada pela sua absortância, e a capacidade de transmitir energia radiante é indicada pela sua transmitância.

A refletância é a intensidade com a qual um alvo reflete ou emite a radiação eletromagnética incidente sobre ela nos diferentes comprimentos de onda do espectro eletromagnético. Essas interações são dependentes das características bio-físico-químicas do alvo.

Ao enxergarmos a cor de um objeto, vemos ali o resultado da interação da luz com esse alvo, isto é, enxergamos a região do espectro eletromagnético em que esse alvo refletiu. A luz visível pode ser decomposta nas faixas azul, verde e vermelha, que absorvem e refletem determinados comprimentos de onda, que terão interpretações diferentes ao se analisar a imagem.

Os sensores multiespectrais a bordo dos satélites não geram imagens em uma quantidade grande de bandas, por isso apresentam assinaturas espectrais de forma pouco detalhada. Já os sensores hiperespectrais, que captam centenas de faixas do espectro, apresentam assinaturas espectrais mais detalhadas.

As assinaturas espectrais mostram as variações de energia refletida pelos objetos para cada comprimento de onda. Essas variações de energia tornam possível diferenciar os objetos da superfície terrestre, pois dependem das propriedades deles. Observe o Gráfico 3.1, a seguir. Se consideramos a curva da vegetação, por exemplo, perceberemos que ela mostra que a vegetação reflete mais energia na faixa correspondente ao verde na região do visível, mas é na região do infravermelho próximo que a vegetação reflete mais energia e se diferencia dos outros objetos.

Gráfico 3.1 – Curva espectral da vegetação, da água e do solo

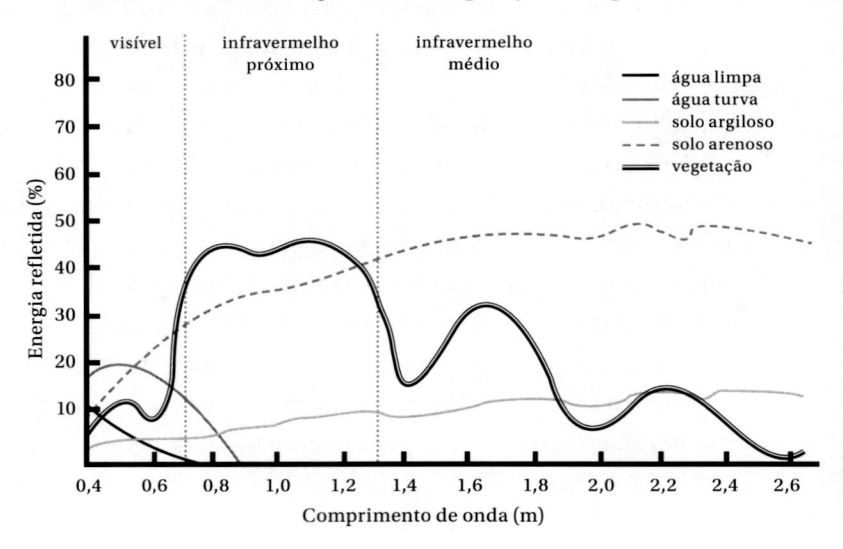

Fonte: Florenzano, 2002, p. 12.

Para que o usuário das imagens saiba interpretá-las, ele precisa entender as características dos alvos e ter em mente que a assinatura espectral de um objeto captada pelo sensor do satélite, no caso de SR orbital, definirá suas feições, sendo que são a forma, a intensidade e a localização de cada banda de absorção que caracterizam o objeto (Di Maio et al., 2008). O conhecimento técnico específico sobre o trabalho com imagens digitais é outro ponto a ser considerado para que a análise de uma imagem seja feita corretamente.

Para saber mais

BOWKER, D. E. et al. Spectral Reflectances of Natural Targets for Use in Remote Sensing Studies. **NASA Reference Publication**, Hampton, n. 1139, June 1985. Disponível em: <https://ntrs.nasa.gov/archive/nasa/casi.ntrs.nasa.gov/19850022138.pdf>. Acesso em: 13 jul. 2020.

Sugerimos essa leitura para que você se aprofunde no estudo do tema da resposta espectral dos alvos.

Quando o intérprete analisa imagens obtidas por meio da energia refletida dentro da **faixa do visível**, a análise é facilitada, uma vez que nessa faixa estão contidas as feições semelhantes àquelas que o ser humano naturalmente vê em seu dia a dia. As cores de uma imagem na faixa do visível correspondem às cores reais percebidas pelo intérprete, como se fosse uma fotografia colorida.

A radiação infravermelha está associada à radiação térmica, ou seja, à emissão de calor pelos alvos, por isso responde de acordo com a temperatura deles. Além disso, limita-se à faixa do infravermelho termal apenas. Importante frisar que o espectro da radiação infravermelha é subdivido em próximo, médio e termal. Para que o analista possa interpretar as imagens provenientes das **bandas infravermelho**, deve levar em consideração as características do alvo em estudo. Existe também a possibilidade de combinar faixas do espectro em cenas coloridas, que podem trazer informações mais esclarecedoras do que a análise individual (Fitz, 2008).

Já a **combinação de bandas** de imagens orbitais de SR torna mais fácil sua interpretação, visto que se podem juntar diferentes faixas espectrais. As características dessas imagens possibilitam superar as limitações humanas, uma vez que os sensores "enxergam" muito além do que enxergamos e trazem essa visão até nós por meio das imagens digitais.

3.7 Imagem digital

As imagens de SR (ver Figura 3.6), também conhecidas como *raster*, são mais que uma fotografia – são mensurações de energia eletromagnética (Janssen; Huurneman, 2001). Para Crósta (1992, p. 23, grifo do original), "elas são constituídas por um arranjo de elementos sob a forma de uma malha ou grid. Cada cela desse grid tem sua localização definida em um sistema de coordenadas do tipo *'linha e coluna'*, representados por *'x'* e *'y'*, respectivamente" Cada célula ou *pixel* (termo derivado do inglês *picture element*) é a menor unidade que forma uma imagem.

Figura 3.5 – Estrutura de uma imagem digital

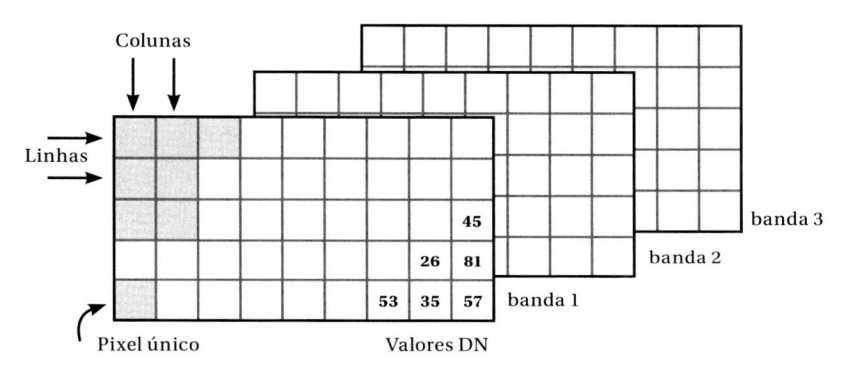

Fonte: Janssen; Huurneman, 2001, p. 107, tradução nossa.

As imagens adquiridas em SR apresentam estrutura *raster* e têm como elemento principal o *pixel*, que é indivisível e contém um atributo numérico conhecido como DN (do inglês *digital number*), que indica o nível de cinza da célula. O DN é a média da intensidade da radiação eletromagnética refletida ou emitida por diferentes alvos na superfície da Terra. Assim, quanto mais próximo do preto, mais energia é absorvida; quanto mais próximo do branco, mais energia é refletida.

Figura 3.6 – Imagem do satélite Landsat 8

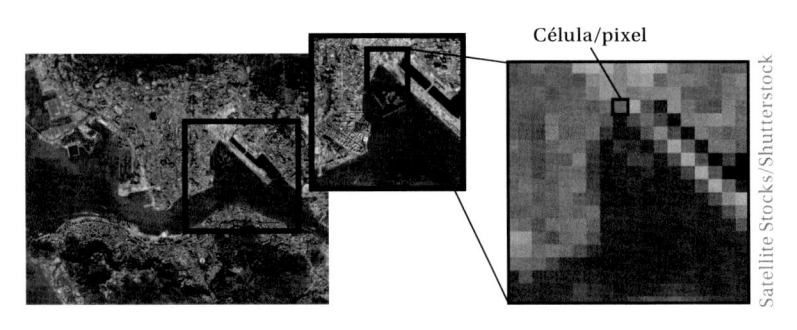

As imagens capturadas por sensores eletrônicos costumam ser em tons de cinza, mas é possível gerar imagens coloridas a partir das originais. Para gerar essas imagens, é necessário fazer sobreposição por meio de filtros coloridos em azul, verde e vermelho (cores primárias). Uma das formas de combinar cores primárias para produzir outras cores é por adição, que resulta da projeção de luzes coloridas sobrepostas. Também existe a combinação por subtração, que resulta da mistura de pigmentos. Ao analisar uma imagem, é possível perceber que a cor de um objeto está relacionada com a quantidade de energia que ele reflete, da mistura das cores (processo aditivo) e da associação das cores com as imagens.

A qualidade de uma imagem é determinada principalmente pelas características do sensor-plataforma, entre elas:

» **Resolução radiométrica** – mede a capacidade do sistema de detectar pequenos sinais. Ela é definida pelo número de níveis de cinza (ou DN) para se compor uma imagem, os quais são expressos em forma de números de dígitos binários (*bits*). Os níveis de cinza expressos em cada *pixel* da imagem representam a intensidade média de energia eletromagnética medida pelo sensor. Então, quanto mais *bits*, mais sensibilidade e diferenciação de níveis de informação na imagem, o que representa maior resolução e qualidade visual da imagem.

» **Resolução espectral** – está relacionada à menor porção do espectro eletromagnético que um sistema sensor é capaz de segmentar, ou seja, define o número de bandas que um sensor consegue discretizar. Assim, quanto mais estreitas forem essas bandas, em se tratando de intervalo de comprimento de onda, maior será a resolução espectral e, quanto maior for o número de faixas que o sensor tiver, maior será a capacidade do sistema de registrar diferenças espectrais entre os objetos, ou seja, maior será sua resolução espectral e maiores serão as possibilidades de identificar alvos e registrar suas diferenças espectrais.

» **Resolução espacial** – refere-se à menor área medida, a qual também indica o tamanho mínimo dos objetos que podem ser detectados. Quanto menor for o tamanho do *pixel* da imagem, maior será sua resolução espacial, bem como a capacidade de distinguir e definir alvos pequenos da superfície terrestre. Por exemplo, se um determinado alvo na superfície terrestre tem dimensões reais de 0,5 m x 0,5 m, a resolução espacial da imagem para que esse elemento seja identificado deve ser de 0,5 m (tamanho de cada *pixel*). Quanto menor for o tamanho do *pixel*, maior será a resolução espacial da imagem. Por outro lado, quanto menor for o objeto passível de ser visto, maior será a resolução espacial de um sensor. Podemos tomar como exemplo o satélite Landsat, que tem resolução espacial de 30 m. Isso quer dizer que o sensor desse satélite é capaz de distinguir objetos maiores que 30 m². As imagens com resolução espacial de 30 m apresentam *pixels* com uma dimensão no terreno de 30 m por 30 m (900 m²).

» **Resolução temporal** – também conhecida como *tempo de revisita*, refere-se ao tempo mínimo que um sensor leva para adquirir duas imagens sucessivas de uma mesma área. Quando falamos em resolução temporal, costumamos considerar a resolução de um satélite específico, o qual depende das características de sua órbita. Por outro lado, quando se trata de sensores aerotransportados ou de veículos aéreos não tripulados (RPAs, popularmente conhecidos no Brasil como *drones*), não existe um intervalo de tempo sistemático entre duas observações, pois aviões, por exemplo, são capazes de levantar voo a qualquer momento. Cabe notar que, quanto maior for o intervalo de tempo, menor será a resolução temporal. Por exemplo, o satélite Landsat (resolução temporal de 16 dias) tem uma resolução temporal menor que a do satélite Geoeye (resolução temporal de 3 dias). Outro exemplo é o satélite Quickbird (resolução temporal que varia de 1 a 3,5 dias), que tem uma resolução temporal maior que a das câmeras encontradas no satélite sino-brasileiro CBERS (resolução temporal de 26 dias).

3.8 Aerofotogrametria

Podemos entender a aerofotogrametria como a ciência ou a técnica de obtenção de medições fidedignas de imagens fotográficas. Diz respeito às operações realizadas com fotografias da superfície terrestre, obtidas por uma câmera de precisão montada em uma aeronave espacialmente preparada para a captura.

No início, o registro de imagens era realizado com balões. Com o desenvolvimento da tecnologia, esse processo passou a ser executado com aviões e helicópteros até chegar ao uso de satélites e RPAs.

A aerofotogrametria requer a existência de condições ideais para a obtenção de fotografias aéreas, como:

» eixo ótico da lente da câmara na posição vertical;
» mínimo movimento do avião com altitude previamente determinada;
» câmera fotográfica livre de distorções da lente;
» condições atmosféricas favoráveis.

É possível definir previamente a resolução da imagem final adequando-se a escala do voo, de modo a deixar o avião mais próximo ou distante do chão. Em um voo mais próximo do solo, a definição será melhor e a escala será maior, mas será preciso obter mais fotografias para cobrir a área desejada. Já no voo feito a uma altura distante do solo, a definição e a escala serão menores e será necessária uma quantidade menor de fotografias para cobrir a área de interesse.

As fotografias aéreas costumam ser obtidas de forma sequencial e com superposição longitudinal e lateral de imagem (ver Figura 3.7), permitindo que toda a região de interesse seja contemplada. Esse recobrimento longitudinal é planejado para que haja aproximadamente 60% de superposição entre fotografias, possibilitando a obtenção da estereoscopia (3D). Já a superposição ou recobrimento lateral provê de 20% a 40% entre faixas de voo.

Figura 3.7 – Recobrimento latitudinal e transversal da linha de voo

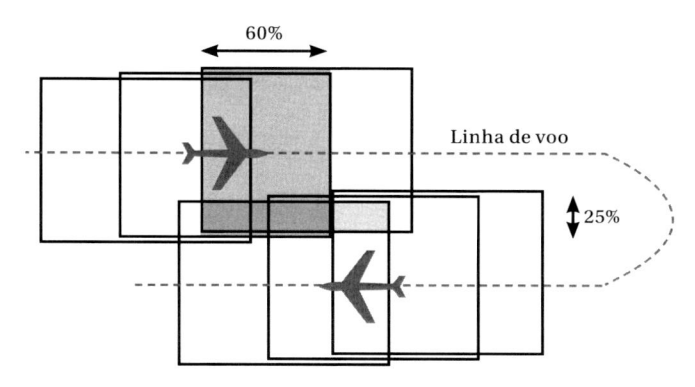

Fonte: Fontes, 2005, p. 4.

Depois da captura das fotografias aéreas, é possível criar um mosaico com a sobreposição dessas fotos, podendo também ser feito o levantamento de pontos geodésicos no terreno fotografado, a fim de gerar um mosaico georreferenciado. Pode-se fazer também a restituição fotogramétrica, um procedimento que visa obter feições planimétricas e/ou altimétricas do terreno por meio das fotografias.

É importante citar, ainda, as ortofotos, fotografias áereas corrigidas de todas as deformações decorrentes da projeção cônica da fotografia e das variações do relevo, que resultam em variação na escala dos objetos fotografados. Na ortofoto, que foi convertida de projeção cônica para ortogonal por meio de pontos de controle no campo e modelos digitais do terreno, todos os pontos se apresentam na mesma escala; logo, é possível medir distâncias, posições, ângulos e áreas.

Conforme já mencionamos, o aerolevantamento é definido como o "conjunto das operações aéreas e/ou espaciais de medição, computação e registro de dados do terreno com o emprego de sensores e/ou equipamentos adequados, bem como a interpretação dos dados levantados ou sua tradução sob qualquer forma" (Brasil, 1971, art. 3º). O controle da atividade de aerolevantamento no território brasileiro é previsto pelo Decreto-Lei n. 1.177, de 21 de junho de 1971 (Brasil, 1971), pelo Decreto n. 2.278, de 17 de julho de 1997 (Brasil, 1997), e pela Portaria Normativa n. 953, de 16 de abril de 2014, do Ministério da Defesa (Brasil, 2014).

3.8.1 Aeronaves remotamente pilotadas

É cada vez mais comum a utilização de aeronaves remotamente pilotadas (RPAs) para o mapeamento da superfície terrestre. Essa denominação é proveniente do inglês *Remotely Piloted Aircraft System*, que é o termo técnico e padronizado internacionalmente pela Organização da Aviação Civil Internacional (Oaci). Aplicadas à aerofotogrametria, as RPAs dispõem de câmeras com a finalidade de obter imagens aéreas capazes de gerar dados de forma mais rápida e com mais detalhes se comparadas aos levantamentos convencionais.

Aqui, é preciso fazer a diferenciação entre alguns termos que, muitas vezes, são confundidos com as RPAs. Chamamos de *Vant* – cuja origem é a expressão *Unmanned Aerial Vehicle* (UAV) – uma aeronave sem piloto a bordo que tem a habilidade de voar de modo autônomo; porém, esse termo é considerado obsoleto pela Oaci e, atualmente, a denominação oficial nos aerolevantamentos corresponde à designada pela sigla RPA. Já o termo *drone* é mais utilizado para fins recreativos, constituindo um apelido informal para todo e qualquer objeto voador não tripulado. No Brasil, as RPAs são popularmente conhecidas como *drone* (em inglês, essa palavra significa "zangão", aludindo ao zumbido que faz) e captam a radiação eletromagnética dos alvos com os tradicionais sensores orbitais. No entanto, *drone* é um termo genérico e sem amparo técnico.

O uso de RPAs vem sendo adotado nos estudos de SR, pois elas proporcionam baixo custo de aquisição de dados de alta resolução espacial quando comparadas a uma aeronave tripulada ou a um satélite para os mesmos fins (Jensen, 2009). A facilidade de obtenção de imagens a qualquer momento, diferentemente da resolução temporal dos sensores orbitais, é a grande vantagem das RPAs.

Nesses equipamentos, podem ser embarcados uma gama de sensores, incluindo câmeras hiperespectrais, térmicas e fotogramétricas, como o lidar e o sonar. Dois tipos principais de modelos são encontrados no mercado: os multirrotores e os de asa fixa. Observe a Figura 3.8, que apresenta exemplos de RPAs.

Figura 3.8 – Exemplos de RPAs

No Brasil, as RPAs têm encontrado um enorme potencial na agricultura e no setor florestal. Apesar de algumas limitações inerentes, como o recobrimento de grandes áreas, essas tecnologias podem fornecer dados valiosos passíveis de serem usados para influenciar políticas e tomadas de decisão.

Entre as principais aplicações, podemos citar:

» agricultura de precisão – monitoramento de safras, aplicação de pesticidas/fertilizantes, gestão do solo;
» estudos ambientais – florestas, áreas costeiras e monitoramento da vida selvagem;
» proteção de fronteiras, gestão de reservatórios, represas e usinas, arqueologia e áreas de proteção ambiental;
» engenharia civil – perícia e inspeção de infraestrutura, pesquisa de viabilidade, mineração;
» esforços humanitários – mapeamento de desastres, monitoramento de riscos naturais, entrega de medicamentos;
» ramos imobiliário e urbanístico – cadastro de propriedades, gestão, *marketing*;
» topografia.

Na próxima seção, vamos tratar da digitalização e da vetorização, outras duas fontes de coleta de dados.

3.9 Digitalização e vetorização

Já vimos que a entrada de dados pode ocorrer de várias maneiras: pesquisas de campo, aerolevantamentos, imagens de satélite, sistemas de posicionamento, entre outras. Vejamos agora a aquisição de dados geoespaciais por digitalização e vetorização de mapas e cartas.

Fique atento!

» **Digitalização** é a transformação de documento analógico em documento digital.
» **Vetorização** é a transformação de arquivo matricial (digital) em formato vetorial (também digital).

No processo de **digitalização**, um *scanner* fotocopia uma imagem (que pode ser um arquivo analógico, como uma foto aérea, uma imagem de satélite ou um mapa) por um procedimento de varredura ou rasterização; dessa maneira, o produto gerado pela digitalização estará no formato matricial ou *raster*. Segundo Pereira (2013), esse tipo de dado representa o espaço como uma matriz de pequenas células chamadas de *pixels*. A resolução de um *raster* ocorre em razão do tamanho do *pixel*, e cada *pixel* apresenta uma informação homogênea, que não varia na superfície do *raster*.

Devemos ressaltar que os dados adquiridos em Geoprocessamento, especialmente para uso nos SIGs, devem necessariamente ter natureza alfanumérica e espacial, ou seja, devem ser dados tabulares georreferenciados e estar em formato digital. Para serem integrados aos SIGs, portanto, os documentos analógicos devem ser digitalizados. Esse procedimento pode ser feito das seguintes maneiras:

» Digitalização manual – é feita com o auxílio de mesas digitalizadoras ou telas de computador. Dessa forma, é possível digitalizar manualmente cartas topográficas e demais materiais. Durante muito tempo, quando os aparelhos *scanner* eram de difícil acesso, essa foi uma das principais formas de entrada de dados nos SIGs. Atualmente, no entanto, é pouco utilizada.

» Escaneamento – com o avanço da tecnologia, a forma mais fácil de digitalizar documentos é por esse método.

Já a **vetorização** se refere à digitalização dos elementos de uma imagem por meio de desenho com o auxílio de um *mouse*, deixando-os em formato vetorial. O processo de vetorização pode ser manual, semiautomático ou automático. Os dados vetoriais serão representados como pontos, linhas ou polígonos e sua resolução espacial será decorrente da precisão de medição das coordenadas em campo. O principal formato dos arquivos gerados é o *shapefile* (.SHP), que é um misto das feições gráficas (.shp), da tabela de atributos (.dbf) e do arquivo de ligação (.shx). Também são utilizados os formatos .DWG e .DXF; contudo, por apresentarem mais limitações, são menos utilizados que o *shapefile* (Fitz, 2008).

Os SIGs trabalham com informações tanto no formato *raster* quanto no formato vetor, mas não integram duas informações se elas estiverem em formatos diferentes. Para resolver esse problema, é possível converter os atributos das camadas para ambos os formatos.

3.10 Modelos digitais

Uma das maneiras encontradas para representar o mundo real em um mundo virtual é pela utilização de modelos. Modelos digitais representam a distribuição de uma variável quantitativa e contínua por meio de uma estrutura numérica. Por representarem o mundo real mediante algoritmos matemáticos, são considerados modelos simbólicos, que representam digitalmente a variação contínua de fenômenos geográficos que ocorrem na superfície terrestre. São utilizados, por exemplo, em estudos de hidrografia, obtenção de dados de relevo, profundidade, estabelecimento de perfis topográficos, elaboração de mapas de vertentes e estabelecimento de zoneamentos climáticos.

O modelo digital pode ser feito tanto em *raster* quanto em vetor. No formato matricial, cada *pixel* conta com um conjunto de três coordenadas: duas de posição (x, y) e uma de elevação ou atributo (z). É essa terceira coordenada que difere o modelo digital de um *raster* comum, pois lhe confere caráter tridimensional. Já no formato vetorial, a representação pode ser feita por pontos (com valores de coordenadas atribuídas) ou por isolinhas (linhas com valores constantes).

Para Felgueiras (2001), existem três etapas para a elaboração de um modelo digital, a saber:

1. **Amostragem** – um conjunto de amostras representativas do fenômeno de interesse é coletado por meio de levantamentos terrestres e aéreos ou até mesmo por arquivos importados de outros sistemas. No modelo, essas amostras estarão representadas por isolinhas e pontos tridimensionais.
2. **Modelagem** – envolve a criação de estruturas de dados e a definição de superfícies de ajuste, a fim de se obter uma representação contínua do fenômeno a partir das amostras. Os modelos mais utilizados são os modelos de grade regular retangular e os modelos de grade irregular triangular, baseados na disposição espacial dos pontos de amostragem.
3. **Aplicações** – são as análises feitas sobre os modelos digitais, as quais podem ser qualitativas (visualização do modelo usando-se projeções geométricas planares) ou quantitativas (cálculos de volumes e geração de mapas de declividades).

Como explica Felgueiras (2001, cap. 7, p. 22, grifo do original), "Os modelos digitais são utilizados por uma série de **procedimentos de análises** úteis para aplicações de geoprocessamento". Aqui, destacaremos dois desses modelos digitais.

1. **Modelo digital de superfície (MDS)** – incorpora valores de elevação de todas as feições naturais (vegetação) e artificiais acima da superfície nua do terreno. Dessa maneira, um MDS leva em conta qualquer edificação, seja natural, seja artificial. Nele, cada *pixel* representa um ponto mapeado com uma altitude específica. Também é possível analisar as formas que recobrem a área mapeada pela relação entre cada ponto.
2. **Modelo digital do terreno (MDT)** – o *Digital Terrain Model* (DTM), denominação original em inglês, é uma representação altimétrica da superfície "nua" do terreno construído a partir de curvas de nível e pontos altimétricos. Ele é normalmente gerado por meio de um processo de filtragem do MDS, excluindo os objetos que estiverem localizados acima do terreno.

Observe a Figura 3.9, que apresenta a diferença entre esses dois modelos.

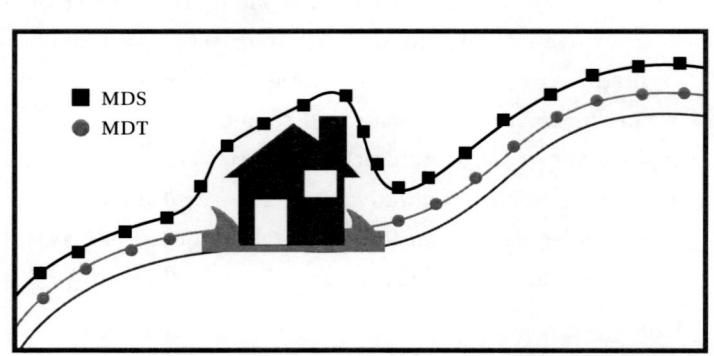

Figura 3.9 – Diferença entre MDS e MDT

Fonte: Horus, 2018.

Os MDTs são utilizados para geração de mapas topográficos, estudos de relevo e declividade, cálculos hidrográficos, análises de corte-aterro para projeto de estradas e barragens, elaboração de mapas de declividade e 3-D, cálculo de volume do terreno etc. Já os MDSs são utilizados para planejamento urbano, projetos de engenharia, planejamento e cadastro urbano, estudos e planejamentos para infraestruturas, segurança pública e privada, cálculo de volume de objetos, segmento florestal e mineração.

No Brasil, as denominações de *modelo digital de elevação* (MDE) e *modelo digital do terreno* (MDT) são consideradas sinônimas. Já em outros países, como os Estados Unidos, o MDT é considerado complementar ao MDE, sendo formado por dados vetoriais que incluem características lineares do terreno. Também encontramos na bibliografia os termos *modelo numérico de superfície* (MNE), *Digital Elevation Model* (DEM), *Digital Terrain Elevation Data* (DTED), entre outros.

Figura 3.10 – Exemplos de MDSs criados a partir de sobrevoo com RPA que mostra uma mina com pilhas de objetos e uma área de escavação, respectivamente

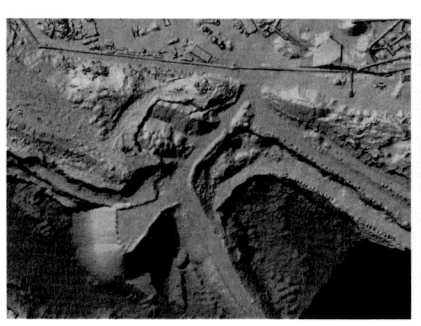

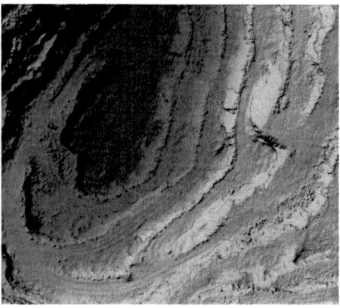

A utilização dos modelos digitais possibilita o estudo de determinado fenômeno sem a necessidade de se trabalhar diretamente na região geográfica escolhida. As análises são importantes para fazer simulações e tomar decisões em estudos com finalidades diversas, como as mencionadas no início desta seção.

Síntese

Neste capítulo, abordamos os levantamentos terrestres e aéreos, a digitalização e a vetorização e os modelos digitais. Demos destaque a alguns temas essenciais em Geografia, como o SR, mostramos tecnologias novas, como as RPAs, o lidar e o radar, e também tratamos das tecnologias não tão recentes, mas que continuam sendo importantes para a aquisição de geoinformação, como o GNSS.

Atividades de autoavaliação

1. Leia atentamente o texto a seguir:

> "A qualidade de um sensor geralmente é especificada pela sua capacidade de obter medidas detalhadas da energia eletromagnética" (Di Maio et al., 2008, p. 14).

Agora, relacione corretamente as caraterísticas dadas aos tipos de resolução:

1) Define o número de níveis de radiância que o detector pode discriminar. Caracteriza-se pelo número de tons de cinza que cada *pixel* da imagem pode assumir.
2) Determina o tamanho do menor objeto que pode ser identificado em uma imagem.
3) Está relacionada ao espaço de tempo que um sensor leva para obter cada cena. O satélite CBERS-2, por exemplo, capta imagens de 26 em 26 dias.

4) É dada pela banda espectral suportada pelo equipamento. Exemplos: o satélite sino-brasileiro CBERS-2, que tem 5 bandas, e o satélite Landsat TM5, que tem 7 bandas.

( ) Resolução espacial
( ) Resolução radiométrica
( ) Resolução espectral
( ) Resolução temporal

Assinale a alternativa que apresenta a sequência correta:
a) 2, 1, 4, 3.
b) 1, 2, 4, 3.
c) 4, 3, 2, 1.
d) 2, 3, 1, 4.
e) 4, 3, 1, 2.

2. Leia as afirmativas a seguir:
   I. A assinatura espectral é a intensidade com a qual um objeto emite radiação eletromagnética (REM) incidente sobre ele nos diferentes comprimentos de onda do espectro eletromagnético.
   II. Imagens digitais orbitais apresentam estrutura vetorial, e seu elemento principal é denominado *pixel* (de *picture element*).
   III. As cores de uma imagem na faixa do infravermelho correspondem às cores reais percebidas pelo intérprete, como se ele estivesse vendo uma fotografia colorida.

É verdadeiro o que se afirma em:
a) I, II e III.
b) I e II.
c) I e III.
d) I apenas.
e) II e III.

3. Considerando os conteúdos estudados sobre imagens digitais, marque com V as afirmativas verdadeiras e com F as falsas:

( ) As estações terrestres rastreiam o sinal digital fornecido pelos satélites e, em laboratórios, produzem a imagem no formato vetorial.

( ) As imagens capturadas por sensores eletrônicos costumam ser em preto e branco, mas é possível gerar imagens coloridas. Para isso, é necessário fazer sobreposição de filtros coloridos em azul, verde e vermelho (cores secundárias).

( ) Os *pixels* são organizados na disposição de linhas e colunas.

( ) As imagens digitais são constituídas por um arranjo de elementos sob a forma de uma malha ou *grid*.

( ) O *digital number* de um *pixel* é a intensidade da energia eletromagnética refletida ou emitida no alvo que corresponde ao *pixel*.

Agora, assinale a alternativa que apresenta a sequência correta:
a) F, V, F, F, V.
b) V, V, F, V, V.
c) V, F, V, F, V.
d) F, F, V, V, V.
e) V, F, F, F, V.

4. Considerando os conteúdos vistos sobre o levantamento terrestre, assinale a alternativa **incorreta**:
a) Para que essa cobertura do GNSS ocorra, é preciso que uma constelação de satélites apresente, no mínimo, três satélites para determinar as coordenadas do receptor na superfície terrestre.

b) Os métodos de levantamento que fazem parte dos levantamentos geodésicos são geralmente divididos em levantamento planimétrico, levantamento altimétrico e levantamento gravimétrico.

c) No sistema GNSS, o posicionamento absoluto utiliza apenas um receptor GPS para a realização das leituras.

d) Com o advento do primeiro GNSS, tornou-se possível determinar coordenadas geodésicas de maneira muito mais rápida, precisa e barata.

e) Nas obras e nos projetos de construção civil, o levantamento topográfico costuma ser o último passo, não sendo utilizado como estudo-base para as próximas etapas.

5. Considerando as formas de aquisição de dados geoespaciais, indique a alternativa correta:

   a) Digitalização é a transformação de documento analógico em documento digital.

   b) Vetorização é a transformação de arquivo vetorial em formato matricial.

   c) Os modelos digitais, por representarem o mundo real por meio de algoritmos matemáticos, são considerados totalmente fidedignos à realidade.

   d) O modelo digital do terreno (MDT) incorpora valores de elevação de todas as feições naturais (vegetação) e artificiais acima da superfície nua do terreno.

   e) O modelo digital do terreno (MDT) é normalmente gerado por um processo de filtragem do modelo digital de superfície (MDS), incluindo os objetos que estiverem localizados acima do terreno.

Atividades de aprendizagem

Questões para reflexão

1. Pesquise sobre sensoriamento remoto no Portal de Periódicos da Capes (Coordenação de Aperfeiçoamento de Pessoal de Nível Superior), no Google Acadêmico, no SciELO e nos anais de todas as edições do Simpósio Brasileiro de Sensoriamento Remoto e liste as vantagens e as desvantagens do uso dessa tecnologia em projetos ambientais.

2. Faça uma pesquisa sobre o uso da cartografia colaborativa e da informação geográfica voluntária (*Volunteered Geographic Information* – VGI) como fontes de dados geoespaciais. Em seguida, elabore um texto para explicar como isso funciona e externar sua opinião sobre o assunto.

Atividade aplicada: prática

1. Pesquise sobre o satélite sino-brasileiro CBERS, seu histórico, seus objetivos e, principalmente, os fins para os quais é utilizado. Prepare uma breve apresentação como se você fizesse parte da equipe técnica/comercial de uma empresa de Geotecnologias e estivesse oferecendo o produto (imagens desse satélite) ao consumidor final.

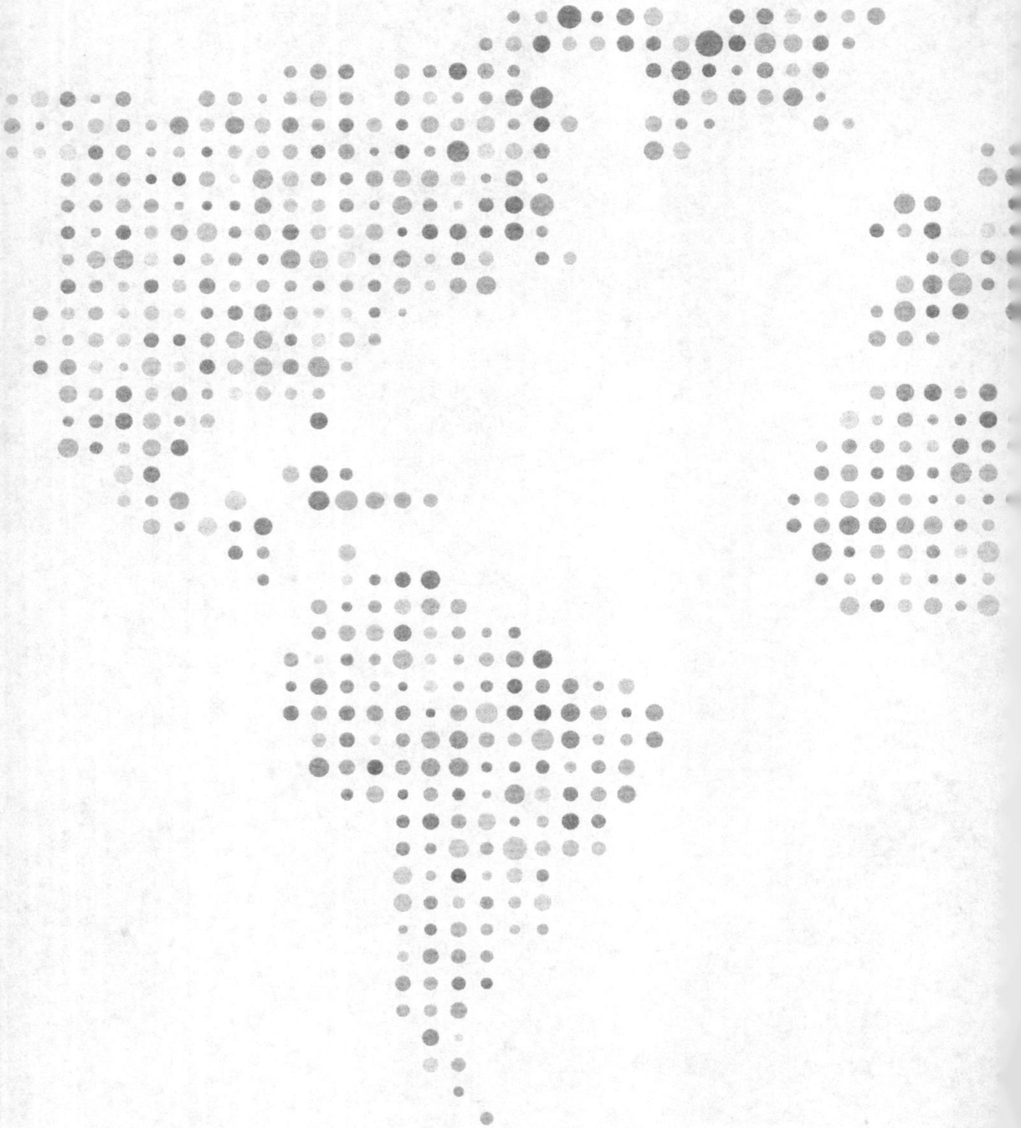

4
Sistemas de Informação Geográfica

Monyra Guttervill Cubas

Neste capítulo, abordaremos a temática dos Sistemas de Informação Geográfica (SIGs), destacando aspectos conceituais e históricos da formação e da evolução das tecnologias que compõem a ciência geográfica. Trataremos também das principais operações de análise de dados espaciais, demonstrando de maneira gráfica as relações entre objetos e feições da superfície terrestre representadas no meio computacional.

4.1 Introdução aos Sistemas de Informação Geográfica

Um SIG (em inglês, *Geographic Information System* – GIS) permite a análise, a gestão e a modelagem de processos e relações espaciais, bem como organiza camadas de informação de modo a ajudar os usuários a tomar decisões mais inteligentes (ESRI, 2020c).

Trata-se de um sistema computacional que processa dados gráficos e não gráficos (alfanuméricos) com ênfase em análises espaciais e modelagens de superfícies. O SIG é uma das geotecnologias existentes que unem *hardware* e *software*. No que se refere aos dados, abrange desde o processo de aquisição, integração e análise até, finalmente, a visualização da informação.

Os SIGs podem ser vistos como modelos digitais do ambiente, os quais possibilitam a análise de situações ambientais com uma precisão adequada na coleta e na reorganização dos dados. Assim, objetivam produzir a informação (Silva, 2001). A informação geográfica pode ser representada e analisada de diversas maneiras, as quais vão desde a sobreposição em camadas (*layers*) até o uso de modernas ferramentas de análise espacial, permitindo gerar nova informação para o usuário.

Os produtos de um SIG são mapas, gráficos, informações, tabelas e relatórios que representam digitalmente o mundo real. Todos esses produtos fornecem conhecimento estratégico sobre o ambiente. Nas palavras de Victoria et al. (2014, p. 96), uma "das principais análises feitas num SIG é a análise espacial. Esse tipo de análise trabalha com dados em que uma das variáveis é a localização geográfica dos objetos, ou análises baseadas nas relações espaciais entre objetos avaliados".

Para Moura, Santa-Cecilia e Pontes (2011, p. 8),

> Os Sistemas Informativos Geográficos, ao buscarem formas de trabalhar as relações espaciais ou lógicas, tendem a evoluir do descritivo para o prognóstico. Como um sistema, é um conjunto de partes que interagem, que não estão somente agregados, mas sim correlacionados. Em lugar de simplesmente descrever elementos ou fatos, podem traçar cenários, simulações de fenômenos, com base em tendências observadas ou julgamentos de condições estabelecidas, de modo a produzir informações especializadas antes não perceptíveis.

É comum pensar os SIGs apenas como *softwares*, porém eles são a soma de cinco componentes que integram todo um processo: (1) *software*; (2) *hardware*; (3) base de dados; (4) usuários; e (5) método. O **software** constitui-se em ferramentas que permitem armazenar, processar, visualizar e analisar as informações. Já o **hardware** engloba todos os componentes físicos e periféricos, sendo a plataforma computacional utilizada para que o *software* possa desempenhar suas funções. A **base de dados** é o material bruto que representa a essência do SIG e alimenta o sistema, possibilitando gerar a informação. Os **usuários**, que também podem ser entendidos como pessoas/instituições, são os recursos humanos (ou institucionais) envolvidos no projeto. Por fim, o **método** engloba os algoritmos, os processamentos e as análises que compõem o SIG. Observe a Figura 4.1, que mostra graficamente como o SIG interage com seus componentes.

Figura 4.1 – Componentes de um SIG

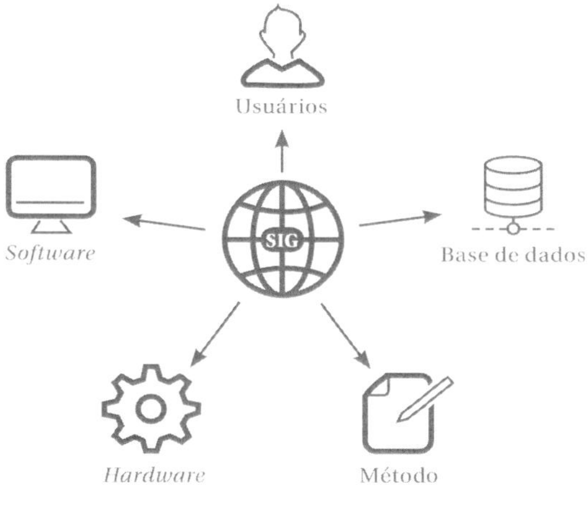

Fonte: Fogaça; Cubas; Taveira, 2017, p. 121.

Os SIGs têm características específicas, como: estrutura de dados e/ou informações em camadas; representação gráfica em múltiplos formatos (visualização); integração de informações de natureza espacial com atributos (informações não espaciais); possibilidade de armazenar dados das mais diversas fontes em banco de dados; interatividade; interface amigável e de fácil manipulação; atenção às características de cada usuário etc.

4.1.1 História dos Sistemas de Informação Geográfica

Para entender melhor os SIGs, é importante conhecer sua história. O mapeamento é algo bem antigo na história da humanidade, mas antes dos anos 1960 era totalmente feito à mão. Os mapas em papel vinham acompanhados de vários problemas, e os cartógrafos sonhavam com a possibilidade de os avanços tecnológicos trazerem benefícios para a análise de dados espaciais, a representação do espaço, a sobreposição de camadas, entre tantas outras vantagens.

Nos anos 1960, foi desenvolvido o Sistema Geográfico Canadense (CGIS), considerado por muitos o primeiro SIG, pois adotava um sistema de abordagem de camadas para o mapeamento de um inventário de recursos naturais. O *Canadian Land Inventory* baseou-se em características físicas do território canadense para determinar a capacidade de uso da terra, planejamento e tomada de decisões. Enquanto o CGIS era aprimorado e se tornava operacional na década de 1970, poucas agências nacionais em todo o mundo seguiam o mesmo caminho.

Foi em meados dos anos 1970 que a Harvard Laboratory Computer Graphics desenvolveu o primeiro SIG vetorial, chamado Odyssey GIS. Posteriormente, surgiu o Arcinfo, do Environmental Systems Research Institute (ESRI), que se baseou no quadro técnico do Odyssey GIS e iniciou a comercialização de *softwares*. Já no final dos anos 1980, havia uma gama de fornecedores de *software* SIG no mercado, destacando-se a ESRI, que hoje é a maior empresa de *softwares* de SIG do mundo.

Os SIGs de primeira geração (ver Figura 4.2) são aqueles herdeiros da Cartografia dos anos 1980, sendo os mapas feitos em *softwares* estilo CAD para desenho (Câmara; Freitas, 1995). Um exemplo de *software* era o AutoCAD, da Autodesk, que era um *software* do tipo *Computer Aided Design* (desenho auxiliado por computador). Esses *softwares* de primeira geração contavam com bancos de dados limitados e os mapas eram tratados como planos de informação.

Figura 4.2 – Primeira geração dos SIGs

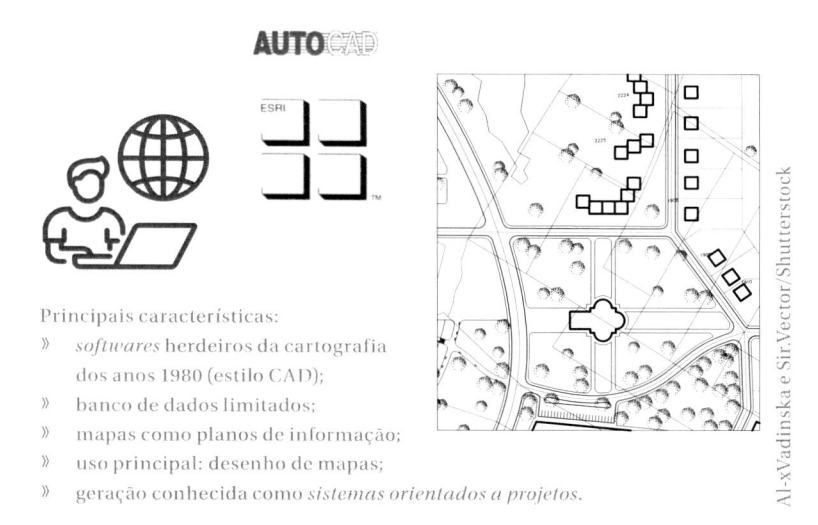

Principais características:
» *softwares* herdeiros da cartografia dos anos 1980 (estilo CAD);
» banco de dados limitados;
» mapas como planos de informação;
» uso principal: desenho de mapas;
» geração conhecida como *sistemas orientados a projetos*.

Al-xVadinska e Sir.Vector/Shutterstock

O espaço de tempo entre 1990 e 2010 ficou conhecido como *proliferação de usuários*. O mercado de Geotecnologias cresceu de maneira extraordinária entre essas duas décadas. Com o barateamento e a popularização de *hardwares* e *softwares*, os SIGs deixaram de ser parte apenas de laboratórios de universidades e institutos de pesquisa e tomaram conta de empresas, salas de aula, órgãos de planejamento e, principalmente, de nossas casas.

A segunda geração de SIGs (ver Figura 4.3) é do início dos anos 1990 e foi denominada *SIG corporativo*. Transcendeu a ideia anterior e partiu para o uso de sistema de gerenciamento de banco de dados do tipo objeto relacional, além de já dispor de extensões para processamento digital de imagens de sensoriamento remoto (SR). Essa segunda geração de SIG foi concebida para uso em ambientes cliente-servidor.

Figura 4.3 – Segunda geração dos SIGs

Principais características:
» SIG corporativo;
» sistema de gerenciamento de banco de dados do tipo objeto relacional;
» uso em ambientes cliente-servidor;
» capacidade de processar dados *raster* originados por Sensoriamento Remoto;
» uso principal: análise espacial.

A terceira geração dos SIGs (ver Figura 4.4) é do final dos anos 1990 e conhecida pela interoperabilidade e por padrões para conteúdo e serviços de Geoprocessamento. Essa fase pode ser caracterizada pelo gerenciamento de grandes bases de dados geográficos, com acesso por meio de redes locais e remotas. Eram necessárias tecnologias que permitissem interoperabilidade, isto é, o acesso de informações espaciais por SIGs distintos. Os sistemas eram orientados para troca de informações entre uma instituição e os demais componentes da sociedade. Outra característica dessa geração foi a fundação de organizações para a padronização de dados geoespaciais, como a Open Geospatial Consortium – OGC (Consórcio Geoespacial Aberto) e a International Organization for Standardization – ISO (Organização Internacional para Padronização).

Figura 4.4 – Terceira geração dos SIGs

Principais características:
» interoperabilidade;
» padronização de conteúdo e serviços;
» gerenciamento de grandes bases de dados geográficos, com acesso por meio de redes locais e remotas;
» sistemas orientados;
» informação X sociedade.

Yeliena Brovko e NikWB/Shutterstock

Gradualmente, a importância da análise espacial para a tomada de decisões estava se tornando reconhecida. Lentamente, o SIG era introduzido nas salas de aula e nas empresas. Com mais satélites sendo lançados em órbita, esses dados coletados do espaço poderiam ser consumidos em um SIG ao mesmo tempo que era disponibilizado o Global Positioning System (GPS), dando aos usuários mais ferramentas do que eles já tinham antes. De repente, a precisão cresceu de maneira intensa, e o GPS liderou o caminho para grandes produtos inovadores, como sistemas de navegação automotiva e veículos aéreos não tripulados.

Já nos anos 2000 (ver Figura 4.5), vivenciamos uma fase conhecida pela entrada de empresas gigantes no ramo, como o Google. Nessa mesma década, a Infraestrutura de Dados Espaciais (IDE) entrou definitivamente no mundo dos SIGs. As IDEs são sistemas integrados por um conjunto de recursos que, pela internet, permitem o acesso a um conjunto de dados e serviços geográficos e sua gestão e tornam possível o cumprimento de normas e especificações que garantem a interoperabilidade da informação geográfica, em conformidade com os respectivos quadros legais.

Em seguida, entramos em uma fase marcada por um conjunto de novas tecnologias, como visualização em dispositivos móveis; compartilhamento da geoinformação com toda a sociedade por redes sociais; mapeamento colaborativo; VGI (informação geográfica voluntária); realidade aumentada, entre outras. Símbolo dessa fase é o OpenStreetMap, um projeto de mapeamento colaborativo que objetiva criar geoinformação livre e editável de todo o globo.

Figura 4.5 – Perspectiva dos SIGs nos anos 2000

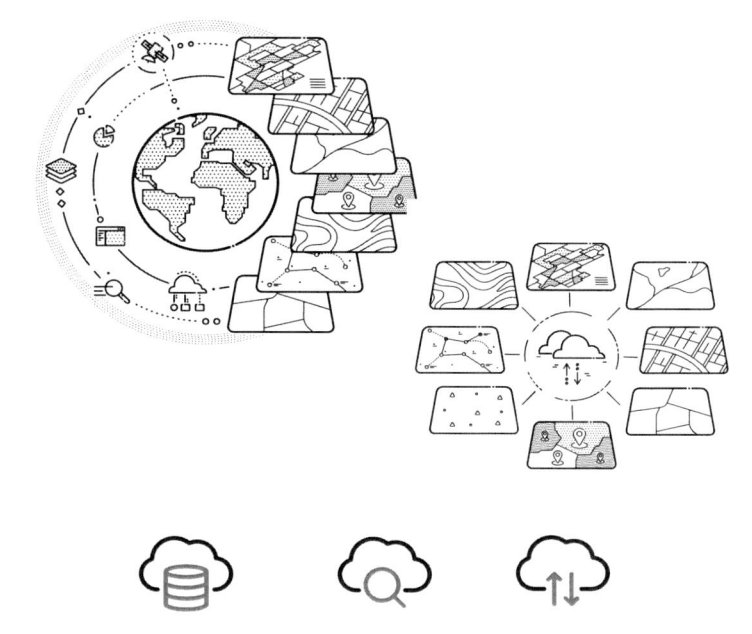

Principais características:
» entrada de empresas gigantes, como o Google, no ramo;
» Infraestrutura de Dados Espaciais (IDE);
» cartografia colaborativa e Informação Geográfica Voluntária (VGI);
» projetos de código aberto;
» recursos educacionais para SIG de código aberto: Academia FOSS4G e GeoAcademy;
» processamento de grandes dados geoespaciais na nuvem.

Naschy e NikWB/Shutterstock

De 2010 para cá (ver Figura 4.6), houve a grande explosão do código aberto (*open source*). Falamos em *bigdata* e armazenamento de dados em *terabytes*, e os dados espaciais estão disponíveis para *download* gratuito. Contudo, o que se destaca é a grande mudança de usuários de SIG, que constroem o próprio *software* de maneira aberta e colaborativa, disponibilizando-o gratuitamente ao público (código aberto).

A fase atual dos SIGs é conhecida pela fusão de todas as outras, como pode ser conferido na Figura 4.6.

Figura 4.6 – Fase atual dos SIGs

Yeliena Brovko/Shutterstock

Principais características:
» explosão do código aberto ou *open source*;
» *bigdata*;
» acesso gratuito a dados espaciais;
» Infraestrutura de Dados Espaciais (IDE);
» cartografia colaborativa e Informação Geográfica Voluntária (VGI).

Nas últimas décadas, à medida que a tecnologia avançava, muita coisa mudou no mundo dos SIGs: os *desktops* migraram para os servidores, para a internet e depois para os dispositivos móveis. É importante frisar que, desde que existe a disponibilidade de banco de dados espaciais na *web*, a tarefa de criar dados começou a diminuir lentamente. Outro fato de grande importância é o armazenamento na nuvem, que confere a possibilidade de não ter de armazenar dados pesados em um computador pessoal, além de permitir o acesso a eles por meio de dispositivos móveis. Finalmente, com os serviços de SIGs na nuvem, não é mais necessário instalar um *software* para fazer análises espaciais (Vardhan, 2016).

Estamos acostumados a compartilhar e extrair informações em redes sociais. Usamos dispositivos móveis para nos localizarmos e coletarmos coordenadas. Vemos o mundo de distintas maneiras com a realidade aumentada voltada à Cartografia. Além disso, os *softwares* estão cada vez mais simples e com interfaces mais intuitivas, e as informações podem ser espacializadas de maneira mais precisa e acurada. A gama de produtos comerciais de *softwares* disponíveis ao usuário parece interminável.

4.2 Dados em Sistemas de Informação Geográfica

Quando se trata de SIG, é importante distinguir os termos *dado* e *informação*. Um dado é utilizado para representar fatos, conceitos ou instruções em forma convencional ou preestabelecida e apropriada para a comunicação, a interpretação ou o processamento, porém não tem significado próprio. Por outro lado, a informação pode ser definida como o significado atribuído aos dados, utilizando-se de processos preestabelecidos para sua interpretação. De maneira resumida, os dados são um conjunto de valores, numéricos ou não, sem significado próprio, e informação é o conjunto de dados que têm significado para determinado uso ou aplicação (Teixeira; Moreti; Christofoletti, 1992).

Em Geoprocessamento, os dados têm uma referência geográfica, ou seja, uma localização na superfície terrestre que pode ser acessada por suas coordenadas. Esses dados são aqueles que não passaram por tratamento e seu processamento é feito por meio de técnicas matemáticas e computacionais em um SIG. Em contrapartida, os dados que passaram por processamento são transformados em informação, dotados de referência espacial e significado, possibilitando análises espaciais e tomadas de decisão.

Um sistema de gerenciamento de banco de dados, que faz parte dos *softwares* de SIG, é capaz de integrar dois tipos de dados: os dados espaciais e os dados de atributos. Os **dados espaciais** (ou **geoespaciais**) podem ser representados digitalmente de forma vetorial ou matricial; já os **dados de atributo** são compostos por códigos alfanuméricos armazenados em tabelas.

Os dados espaciais têm informações de localização e atributo e também contêm suas propriedades geométricas (posição e medidas, como comprimento, direção e área) e topológicas (referentes a relacionamentos espaciais, como conectividade, inclusão e adjacência).

4.2.1 Dados vetoriais

A base de dados é composta pelos dados do tipo geométrico ou espacial, e não geométrico ou descritivo. O SIG tem a capacidade de ligar esses dois tipos de dados (que são armazenados em muitos arquivos) e estabelecer relação entre eles.

Em Geoprocessamento, a estrutura do tipo **vetorial** é chamada de *shapefile*, que são arquivos que podem ser criados, manipulados e/ou armazenados em forma de linhas, pontos ou polígonos (ver Figura 4.7). O ponto (par ordenado x, y) geralmente é utilizado para a representação de localização ou ocorrência de fenômenos no espaço, como a localização de residências. A linha consiste em um conjunto de pontos conectados e pode ser empregada para a representação de feições, como rios ou estradas. O polígono é uma região delimitada por linhas conectadas e é utilizado para a representação de unidades espaciais individuais, como bairros ou municípios (Câmara; Monteiro, 2001).

Em SIGs, as linhas são formadas por segmentos de reta conectados por pontos. As linhas são geralmente designadas por polilinhas (*polylines*), e as áreas por polígonos (*polygons*).

Uma característica dos dados vetoriais é a associação dos atributos na tabela. Cada registro representado contém um identificador único ao qual se associam os diversos atributos, os quais podem ser a base da simbologia apresentada para cada um dos elementos (tema, camada ou *layer*). É função de sua natureza discreta permitir que não haja perda de qualidade com as alterações na visualização (Lira et al., 2016).

Figura 4.7 – Representação de dados vetoriais

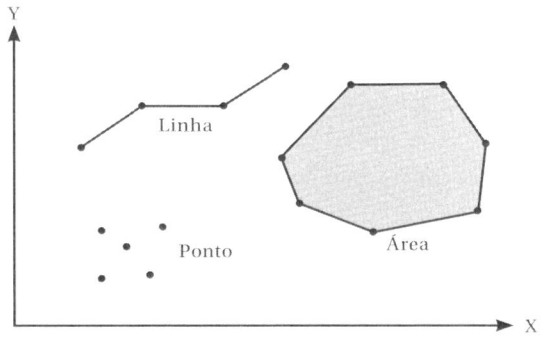

Fonte: Câmara, 2006, p. 25.

Quando se cria um mapa, seus elementos gráficos devem estar corretamente separados em pontos, linhas e polígonos para que a topologia possa ser efetuada após a edição dos dados espaciais. Assim, os SIGs são capazes de estabelecer relações entre as diferentes camadas (*layers*) de informação.

De maneira resumida, podemos entender a topologia como um conjunto de regras que estipulam como as feições partilham geometrias coincidentes e garantem a integridade dos dados. Alguns exemplos de relações topológicas são: intersecção, adjacência, continência e vizinhança.

Figura 4.8 – Exemplos de correção de erros de topologia

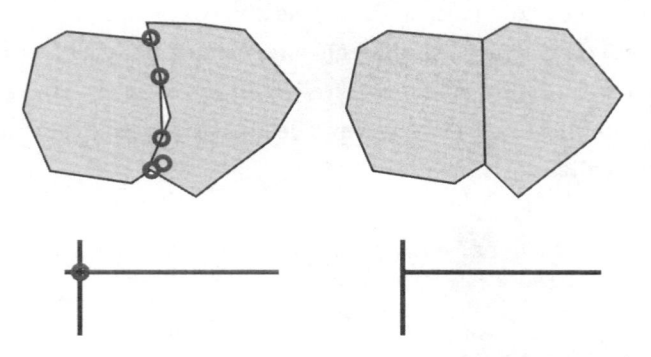

Fonte: Gerdes; Blazek; Landa, 2020.

Assim, a topologia informa sobre a relação espacial entre as feições. Ao se manipularem mapas digitais em um *software* de SIG, por exemplo, a topologia define conexões entre as feições, combina polígonos adjacentes e sobrepõe feições geográficas.

4.2.2 Dados matriciais

A estrutura do tipo **matricial** está relacionada às imagens e aos arquivos com formato *raster*. A criação, a manipulação e o armazenamento desse tipo de estrutura ocorrem em uma grade formada por linhas e colunas, na qual cada célula é chamada de *pixel*. No modelo de dados matricial, o espaço é dividido em *pixels*, aos quais se atribuem propriedades ou atributos. Essa matriz representa a variação das propriedades ao longo de todo o espaço representado (Longley et al., 2013).

Segundo Câmara e Monteiro (2001), na estrutura matricial, cada célula está associada a uma porção do terreno, e os valores representam uma classe ou um tema deste. Uma característica importante da estrutura *raster* é sua resolução. A resolução é a relação existente entre o tamanho da célula no mapa e a área que essa célula abrange no terreno, conforme podemos observar Figura 4.9, a seguir. No modelo matricial, diferentemente do mapa (em que a precisão depende da escala), a precisão depende da dimensão do *pixel*. Quanto menos área estiver representada em cada *pixel*, maior será a resolução da imagem *raster* e mais bem representados estarão os dados (Liu; Mason, 2009).

Figura 4.9 – Estrutura matricial

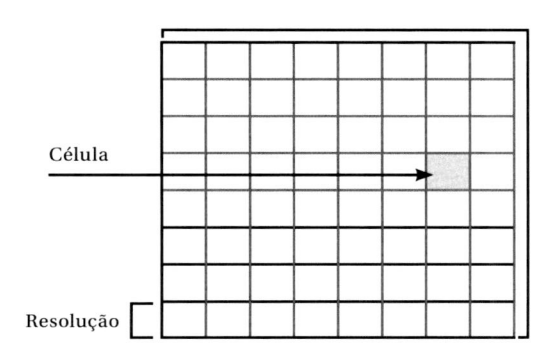

Fonte: Câmara, 2006, p. 25.

Grande parte dos *softwares* de Geoprocessamento, incluindo o QGIS, permite a manipulação conjunta e a conversão dos dois tipos de estrutura de dados. A Figura 4.10 exemplifica como uma feição do mundo real pode ser representada tanto na estrutura vetorial quanto na matricial.

Figura 4.10 – Representações vetorial e matricial de um mapa temático

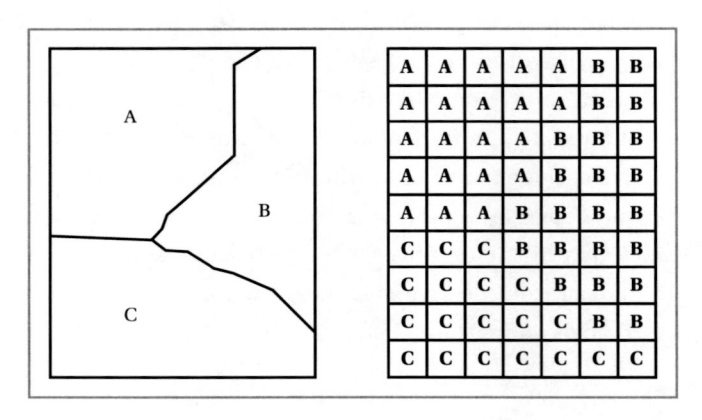

Fonte: Câmara; Monteiro, 2001, cap. 2, p. 25.

Ao compararmos as duas estruturas, percebemos que ocorre certa generalização na representação matricial em virtude de seu formato "artificial". Quando o objeto a ser representado apresenta formas irregulares (por exemplo, os elementos da natureza, como rios e vegetação), a representação matricial tende a ocultar alguns dados, tendo em vista que o *pixel* abrange uma área específica que não pode ser modificada. Assim, o valor do *pixel* sempre será aquele que se apresenta em maior proporção na área mapeada.

A escolha da estrutura de dados a ser usada vai depender da disponibilidade inicial de dados e do objetivo do pesquisador. Conforme o caso, um ou outro tipo de estrutura pode apresentar maior vantagem. A seguir, o Quadro 4.1 apresenta algumas vantagens (em cinza) e desvantagens para o uso dos dois tipos de estruturas na representação temática de dados.

Quadro 4.1 – Comparação entre estruturas vetoriais e matriciais para mapas temáticos

Aspecto	Representação Vetorial	Representação Matricial
Relações espaciais entre objetos	**Relacionamentos topológicos entre objetos disponíveis**	Relacionamentos espaciais devem ser inferidos
Ligação com banco de dados	**Facilita associar atributos a elementos gráficos**	Associa atributos apenas a classes do mapa
Análise, Simulação e Modelagem	Representação indireta de fenômenos contínuos Álgebra de mapas é limitada	**Representa melhor fenômenos com variação contínua no espaço Simulação e modelagem mais fáceis**
Escalas de trabalho	**Adequado tanto a grandes quanto a pequenas escalas**	Mais adequado para pequenas escalas (1:25.000 e menores)
Algoritmos	Problemas com erros geométricos	**Processamento mais rápido e eficiente**
Armazenamento	**Por coordenadas (mais eficiente)**	Por matrizes

Fonte: Câmara; Monteiro, 2001, cap. 2, p. 26.

A representação vetorial, também denominada *geo-objeto*, é mais utilizada para descrever fenômenos espaciais discretos, em razão de sua característica de apresentar limites espaciais bem definidos; já a estrutura *raster*, denominada *geocampo*, é mais empregada para representar superfícies contínuas (Sampaio; Brandalize, 2018).

Não podemos deixar de mencionar a representação de superfícies contínuas. Alguns fenômenos da natureza, como elevação de terreno, pressão atmosférica, temperatura e densidade populacional, apresentam variação contínua no espaço. Esse tipo de representação é conhecido como *modelo digital do terreno* (MDT) e é representado por um sistema de coordenadas em que o par (x, y) denota a superfície bidimensional e a coordenada z representa a variação do dado físico. Podemos calcular a representação de superfícies contínuas por meio de uma equação matemática ou por um conjunto de pontos ou linhas de uma imagem digital.

Fique atento!

Vejamos como os modelos do espaço geográfico se correlacionam com as estruturas de dados geográficos (vetor ou *raster*).

Os geocampos fazem parte dos modelos no espaço absoluto. Um **geocampo** representa a distribuição espacial de uma variável que tem valores em todos os pontos pertencentes a uma região geográfica. Para o geocampo, o espaço geográfico é visto como uma superfície **contínua** sobre a qual variam os fenômenos a serem observados.

Os geo-objetos também fazem parte dos modelos no espaço absoluto. Um **geo-objeto** é uma entidade geográfica singular e indivisível, caracterizada por sua identidade, suas fronteiras e seus atributos, também chamados de **dados discretos**.

Já as redes fazem parte dos modelos no espaço relativo. Uma **rede** é formada por um conjunto de pontos (nós) conectados por linhas (arcos).

4.2.3 Metadados

Dados geoespaciais, tanto vetoriais quanto *raster*, são diferentes de outros desenhos vetoriais e das demais imagens digitais. Esses dados têm características que os diferenciam e podem ser classificadas e agrupadas em atributos. Os dados geoespaciais devem apresentar, para cada camada, um pacote de informações que possibilitem sua identificação e a análise da adequação de seu uso. Chamamos de *metadados* o conjunto de informações acerca dos dados, isto é, dados sobre os dados.

Os padrões criados para os metadados descrevem práticas recomendadas e procedimentos a serem adotados. Metadados descrevem múltiplos aspectos relacionados à informação espacial, como extensão espacial, qualidade e origem dos dados, procedimentos e análises a que estes foram submetidos.

Algumas das informações fundamentais referentes aos metadados, conforme Lira et al. (2016), são, entre outras:

» descrever os dados: localização e extensão geográfica, data de criação e restrições à sua utilização;
» caracterizar a qualidade;
» apresentar o modelo;
» apresentar o sistema de coordenadas;
» descrever os atributos.

Dessa maneira, os metadados surgem como um conceito-chave na interoperabilidade de dados. Eles costumam ser gravados em ficheiros no formato *.xml* e podem ser editados, atualizados e/ou modificados por processadores de texto habituais ou aplicações.

4.2.4 Banco de dados em Sistemas de Informação Geográfica

Os atributos fornecem informação descritiva, qualitativa e/ou quantitativa das características de um objeto gráfico. São exemplos de atributos: rodovias, rios, endereço, cor, nome, classe. Cada atributo dentro de um SIG está associado a uma entidade gráfica e vinculado a um sistema de coordenadas. Os atributos são estruturados em tabelas que compõem os bancos de dados alfanuméricos.

Na área específica do Geoprocessamento, interessa-nos o conceito de base de dados relacional, em que os dados são armazenados em tabelas relacionáveis entre si, utilizando-se, para isso, os campos-chave. Um banco de dados geográficos (BDG), também conhecido como *banco de dados espaciais* (BDE), apresenta uma grande diferença em relação a outros bancos de dados, ao permitir feições geométricas em suas tabelas. Dessa forma, há possibilidade de fazer consultas e análises espaciais.

Os BDGs são diferentes dos bancos de dados convencionais, pois contam com dados relacionados à localização das entidades, tendo capacidade de criar **operações** e **consultas para localização** de um determinado atributo espacial segundo uma definição preestabelecida. Esses dados são armazenados por meio de entidades gráficas, que representam os elementos do mundo real e os dados descritivos, que são as tabelas que contêm informações alfanuméricas que descrevem as características das entidades gráficas. Um BDG é o repositório de dados de um SIG e **armazena** e **recupera** dados geográficos, bem como as informações descritivas.

O modelo de banco de dados em SIGs, que armazena os dados e os atributos em arquivos internos, vem sendo substituído pelo Sistema de Gerenciamento de Banco de Dados (SGBD) para satisfazer à demanda do tratamento eficiente de dados cada vez maiores. O grande volume de dados espaciais e alfanuméricos dificulta seu armazenamento e gerenciamento.

Para Fitz (2008), o gerenciamento dos dados em um SIG abrange todas as fases de desenvolvimento de um SGBD, desde sua ideia e planejamento até seu uso prático. É o SGBD que responde por todas as conexões realizadas, sendo considerado o cérebro do sistema.

Um SGBD garante três requisitos importantes: (1) eficiência (acesso e modificações de grandes volumes de dados); (2) integridade (controle de acesso por múltiplos usuários); e (3) persistência (manutenção de dados por longo tempo, independentemente dos aplicativos que acessem o dado). Ele deve ser pensado para que as informações criadas possam ser reaproveitadas em futuras análises, como no caso de empresas ou repartições públicas.

Para que os SGBDs funcionem perfeitamente em conjunto com um SIG, de maneira que os bancos de dados também operem eficientemente, eles devem ter sido projetados previamente para funcionarem em conjunto (Câmara, 1998).

Os *softwares* criados especialmente para gerenciar bancos de dados dão conta do crescimento acelerado do volume de dados nos mais diversos projetos. Os SGBDs devem ser pensados para atender aos objetivos dos usuários que os utilizarão.

O mercado hoje oferta uma grande variedade de *softwares* de SGBD. Entre os mais conhecidos para uma arquitetura cliente-servidor que utiliza conceitos de banco de dados relacionais, destacam-se os seguintes: Microsoft SQL Server, Oracle, DB2, PostgreSQL, Interbase, Firebird e MySQL (Rosa, 2013).

4.3 Principais operações de análise espacial em Sistemas de Informação Geográfica

O que caracteriza um SIG é sua aptidão para desenvolver funções de análise espacial. Desse modo, o processo de análise espacial conta com funções como recuperar, reclassificar, medir, sobrepor, conectar e relacionar os dados gráficos e seus atributos. Elas são capazes de prever eventos e criar cenários, bem como são a base para a tomada de decisão no mundo real.

Com o auxílio da análise espacial, é possível responder a questões como: Onde fica...? Onde está...? O que está...? O que existe aqui? O que fica mais perto...? O que se encontra dentro desta área? O que mudou...? O que faz limite com...? Qual é o padrão...? Essas operações de pesquisa são as operações iniciais de análise espacial.

A realização de consultas e análises espaciais torna-se mais fácil com os arquivos vetoriais, em virtude dos relacionamentos topológicos. Os *softwares* de SIG contam com funções adequadas para a execução de consultas integradas (entre objeto e atributo).

Muitas análises são desenvolvidas pela manipulação de redes, principalmente nas áreas de transporte, energia, logística etc. É possível analisar e planejar rotas (por exemplo, determinar o caminho mais curto entre dois pontos), planejar a direção de tráfego, localizar pontos de distribuição em logística, analisar a infraestrutura de cidades, medir distâncias, entre outros.

Para Câmara (1998), as funções de reclassificação, intersecção (*overlay*), operações boleanas e matemáticas entre mapas e consulta ao banco de dados fazem parte da análise geográfica, que, segundo Davis e Câmara (2001, cap. 3, p. 27),

> permite a combinação de informações temáticas. Pode ser realizada no domínio vetorial ou domínio matricial ("raster"). Um conjunto importante de procedimentos de análise geográfica foi definido por Tomlin (1990). Denominado "Álgebra de Mapas", estas definições são a base de implementações de operadores de análise em diferentes sistemas.

Algumas das operações de análise espacial mais comuns nos SIGs são descritas a seguir:

» **Classificação/reclassificação** – reclassifica valores de uma camada de dados existente para criar novas variáveis. Pode ser baseada em atributos temáticos ou nas propriedades topológicas (contingência, adjacência, interseção etc.) dos objetos em uma determinada camada temática. Assim, essa operação pode tanto simplificar a informação espacial quanto torná-la ainda mais complexa. Por exemplo: um mapa de solos pode gerar um mapa de permeabilidade do solo ou um mapa de umidade do solo pode ser reclassificado em um mapa de aptidão para o crescimento de plantas. Observe a Figura 4.11.

Figura 4.11 – Representação de reclassificação em ambiente SIG

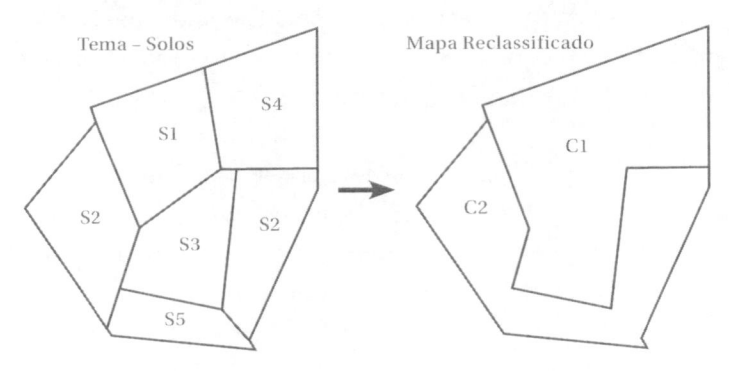

Tema – Solos

S1, S4, S2, S3, S2, S5

Mapa Reclassificado

C1, C2

Fonte: Times, 2020, p. 35.

» **Sobreposição ou *overlay*** – é uma das funções mais utilizadas em um SIG e objetiva sobrepor um mapa a outro para gerar uma nova informação e um novo mapa. As principais operações de superposição são imposição ou máscara, colagem, associação e sincronização. Essa tarefa pode ocorrer tanto em arquivos matriciais quanto em arquivos vetoriais. Observe a Figura 4.12.

Figura 4.12 – Representação de sobreposição em ambiente SIG

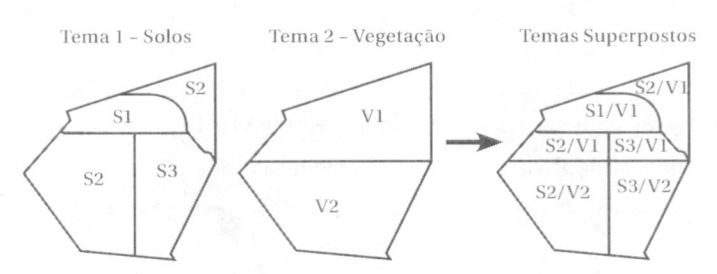

Tema 1 – Solos: S1, S2, S2, S3

Tema 2 – Vegetação: V1, V2

Temas Superpostos: S2/V1, S1/V1, S2/V1, S3/V1, S2/V2, S3/V2

Fonte: Times, 2020, p. 38.

Há duas formas de sobreposição: lógica e aritmética. A sobreposição lógica faz uso de operadores lógicos, como a análise booleana. Já sobreposição aritmética utiliza operadores matemáticos, como adição, subtração, divisão e multiplicação.

Na Figura 4.13, é possível observar alguns exemplos de tipos de operação de sobreposição utilizados nos *softwares* de SIG (*Union*, *Identity* e *Intersect*).

Figura 4.13 – Operações em Geoprocessamento

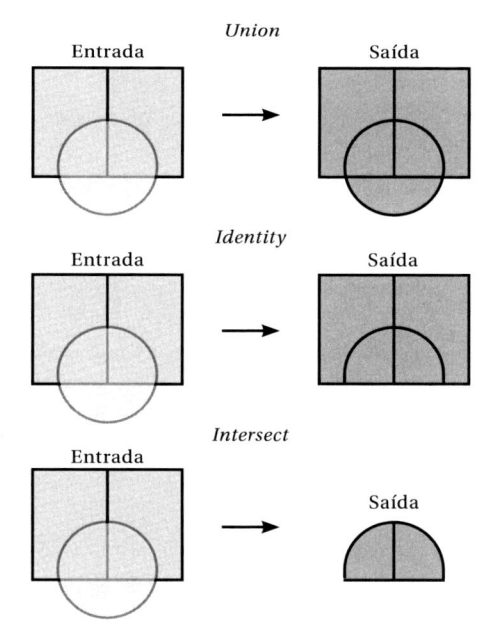

Fonte: ESRI, 2020a, tradução nossa.

» **Análise de proximidade** – é também conhecida como *operação de buffer* (corredores), pois calcula distâncias lineares entre pontos ou cria zonas de *buffer* em torno dos objetos. Essa operação visa gerar subdivisões na forma de faixas, cujos limites externos apresentam uma distância fixa x. A Figura 4.14 mostra alguns exemplos de criação de *buffers* para um dado representado como ponto, linha e polígono em *softwares* de SIGs.

Figura 4.14 – Análises espaciais

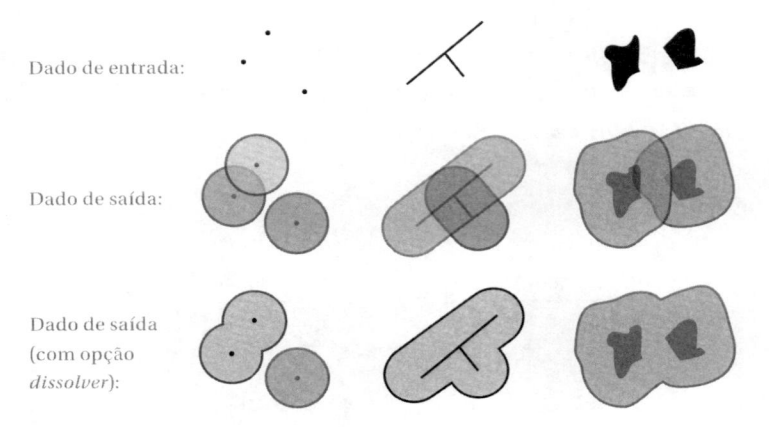

Dado de entrada:

Dado de saída:

Dado de saída
(com opção *dissolver*):

Fonte: ESRI, 2020b, tradução nossa.

» **Análises estatísticas** – asseguram a precisão dos dados durante o processamento, objetivando criar um relatório resumido do banco de dados ou gerar um novo dado durante as análises. Esses procedimentos incluem estatística descritiva, histogramas, valores extremos e correlação, além de contarem com as funções de interpolação, desvio padrão, variância, regressões, correlações etc.

» **Medidas** – trata-se de uma das capacidades analíticas de maior importância de um SIG, por meio da qual se calculam os parâmetros mensuráveis dos objetos espaciais. Para os dados *raster*, a precisão das medidas é limitada pelo tamanho da célula; já para os dados vetoriais, a precisão das medidas é limitada pela precisão da localização dos dados armazenados. É possível calcular distâncias, perímetro, área e volume.

» **Tabulação cruzada** – essa operação permite calcular a área das interseções entre as classes de dois planos de informação, geralmente em formato matricial. Para isso, os dados de dois planos de informação devem ter a mesma resolução espacial, o mesmo número de *pixels* ou células e estar no mesmo tipo de projeção e sistema de coordenadas.

» **Operadores de vizinhança** – essas aplicações objetivam explorar as características do entorno do espaço analisado, selecionando uma área localizada a uma certa distância de uma feição de interesse. É possível especificar um critério de distância de um objeto e criar um novo plano de informação contendo a zona de impacto em torno do objeto selecionado. Estão incluídos operadores de distância, cálculo de menor caminho, cálculo de volumes, análise de proximidade e de redes, interpolação de pontos, entre outros.

Síntese

Iniciamos este capítulo com uma breve introdução aos SIGs, tratando de seus conceitos e seu histórico, considerando o desenvolvimento da tecnologia em âmbito global. Posteriormente, enfatizamos a discussão sobre dados espaciais, detalhando os dados matriciais e vetoriais e os metadados. Discutimos também sobre banco de dados espaciais e, de maneira ilustrativa e didática, abordamos as principais operações de análise espacial em SIG.

A intenção é que você possa começar a aplicar a análise espacial, mesmo que os SIGs sejam um assunto novo para você. O verdadeiro poder dos SIGs reside na capacidade de realizar análises e, posteriormente, permitir a tomada de decisões, razão pela qual eles têm se mostrado uma ferramenta de destaque na vida e no dia a dia de geógrafos.

Atividades de autoavaliação

1. Uma das operações de análise espacial em SIG é conhecida pela substituição de valores de entidades gráficas por outros, conforme a necessidade do projeto. Essa operação é chamada de:
   a) sobreposição.
   b) tabulação cruzada.
   c) análise de vizinhança.
   d) ponderação.
   e) reclassificação.

2. Podemos definir um SIG, de maneira resumida, como um conjunto de procedimentos utilizados para armazenar, manipular e modelar informações georreferenciadas. Considerando os conteúdos estudados sobre SIG, associe os termos à sua correta descrição:

   1) Informação
   2) Dados espaciais
   3) Dados de atributo
   4) Estrutura vetorial
   5) Estrutura matricial

   ( ) Pode ser entendida como o significado atribuído aos dados.
   ( ) São compostos por códigos alfanuméricos armazenados em tabelas.
   ( ) É aquela em que os arquivos podem ser criados e armazenados em forma de linhas, pontos ou polígonos.
   ( ) Apresenta a criação, a manipulação e o armazenamento de seus arquivos em uma grade formada por linhas e colunas.
   ( ) Podem ser representados digitalmente de forma vetorial ou matricial.

Agora, assinale a alternativa que apresenta a sequência correta:
a) 1, 2, 3, 4, 5.
b) 2, 3, 4, 5, 1.
c) 1, 3, 4, 5, 2.
d) 4, 3, 2, 1, 4.
e) 1, 3, 4, 2, 5.

3. Uma das funções mais conhecidas dos SIGs tem como objetivo agregar/superpor um mapa a outro para gerar nova informação. Essa tarefa tem o nome de:
a) ponderação.
b) análise de rede.
c) sobreposição.
d) reclassificação.
e) tabulação cruzada.

4. Considerando os conteúdos vistos sobre dados em SIG, marque com V as alternativas verdadeiras e com F as falsas:

( ) A representação matricial (ou *raster*) é mais utilizada para descrever fenômenos espaciais discretos, em virtude de sua característica de apresentar limites espaciais bem definidos.

( ) A estrutura *raster*, denominada *geocampo*, é mais empregada para representar superfícies contínuas.

( ) Uma rede é formada por um conjunto de pontos (nós) conectados por linhas (arcos).

( ) Um banco de dados geográficos (BDG), também conhecido como *banco de dados espaciais* (BDE), apresenta uma grande diferença em relação a outros bancos de dados (usados em outras áreas), ao permitir feições geométricas em suas tabelas.

( ) Grande parte dos *softwares* de Geoprocessamento, como o QGIS, permite apenas a manipulação de dados em formato vetorial. O formato de dados matricial demanda *softwares* específicos de processamento digital de imagens.

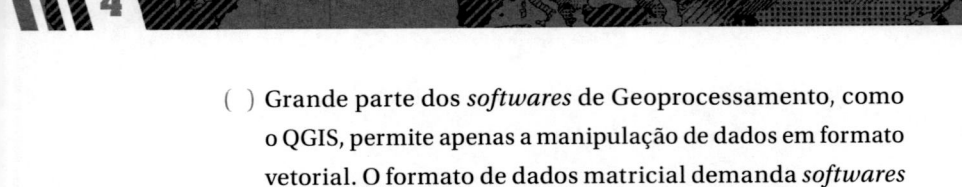

Agora, assinale a alternativa que corresponde à sequência correta:
a) F, V, V, V, F.
b) V, V, F, V, F.
c) V, F, V, V, F.
d) F, F, V, V, V.
e) F, V, F, F, V.

5. Considerando as características do SIG, relacione os conceitos a seguir com o Geoprocessameto e suas características:
   1) É o que chamamos, no meio digital, de *estrutura do tipo vetorial*. Esses arquivos podem ser criados em forma de linhas, pontos ou polígonos.
   2) É como denominamos o conjunto de pontos conectados.
   3) É como chamamos uma região delimitada por linhas conectadas.
   4) São possíveis graças às Infraestruturas de Dados Espaciais (IDEs) e garantem a interoperabilidade da informação geográfica, em conformidade com os respectivos quadros legais.
   5) É de responsabilidade de organizações como a Open Geospatial Consortium – OGC (Consórcio Geoespacial Aberto) e a International Organization for Standardization – ISO (Organização Internacional para Padronização).

   ( ) *Shapefile*
   ( ) Polígono
   ( ) Linha
   ( ) Padronização de dados geoespaciais
   ( ) Normas

Agora, assinale a alternativa que apresenta a sequência correta:
a) 1, 2, 3, 5, 4.
b) 1, 3, 2, 4, 5.
c) 3, 1, 2, 4, 5.
d) 1, 3, 2, 5, 4.
e) 2, 1, 3, 5, 4.

Atividades de aprendizagem

Questões para reflexão

1. Faça uma pesquisa avançada sobre a temática *Geoprocessamento e suporte à decisão*. O tema também pode ser identificado como *tomada de decisão* ou *processo decisório*. Para saber mais sobre os assuntos, pesquise também: critérios de análise, metodologia multicritério em apoio à decisão e metodologia multicritério de tomada de decisão. Após a pesquisa, elabore um resumo sobre o tema (sugestão: entre 1 e 3 laudas).

2. Acesse o *site* da Infraestrutura Nacional de Dados Espaciais (Inde). Busque informações referentes a normas e padrões e à legislação vigente e acesse o Catálogo de Metadados e o Catálogo de Geoserviços. Em seguida, elabore um texto explicando o que é a Inde, quais são seus objetivos e por que o profissional de Geografia está no rol de profissionais que deve estudar a temática.

    INDE – Infraestrutura Nacional de Dados Espaciais. Disponível em: <http://www.inde.gov.br/>. Acesso em: 10 ago. 2020.

Atividade aplicada: prática

1. Pesquise o significado do termo *generalização cartográfica* no contexto dos SIGs. Prepare uma apresentação de *slides* que contemple sua definição, seus objetivos e exemplos.

Considerações finais

O princípio do Geoprocessamento ocorreu com a percepção de que a localização exerce influência sobre as dinâmicas terrestres. Inicialmente, conforme apresentado no Capítulo 1, um caso de doença em Londres no século XVIII fez com que o médico responsável notasse a relação da incidência da doença com os pontos de contaminação. Essa descoberta, além de frear a epidemia, colaborou na identificação da forma de contágio, caracterizando-se como um grande passo no ramo da saúde pública, principalmente em uma época na qual não havia saneamento.

Desde então, o Geoprocessamento evoluiu conceitual e tecnologicamente, mas seu objeto de estudo continuou sendo a relação espacial entre feições, fenômenos e objetos na superfície terrestre. Sua evolução acompanhou o desenvolvimento de tecnologias produzidas no âmbito de grandes áreas do conhecimento, como a Informática, a Matemática, a Aeronáutica e a Física, porém a Geografia, a Geomática e a Cartografia tiveram e têm espaço de destaque em seu aperfeiçoamento, pois essas áreas contribuem com aspectos tecnológicos e teóricos, fazendo com que as análises geoprocessuais tornem-se integradas.

Especialmente na Geografia, o Geoprocessamento permite realizar análises que colaboram para o entendimento e a melhora das dinâmicas sociais, ambientais e urbanas. Além disso, o Geoprocessamento no ensino – não somente de Geografia, mas também de outras disciplinas – possibilita a aproximação dos alunos com a informática e o meio em que convivem, bem como incentiva o uso da criatividade, por ser uma atividade multidisciplinar.

Nesta obra, procuramos contemplar os principais aspectos das tecnologias e dos processos que compõem a tríade da Geotecnologia:

(1) aquisição, (2) processamento e (3) representação de dados. Com os conteúdos divididos em quatro capítulos, buscamos apresentar os principais conceitos da área, as bases cartográficas necessárias, as técnicas de aquisição de dados e os processos de análise espacial e de representação de dados.

Esperamos que geógrafos, alunos de Geografia e também profissionais de outras áreas possam aproveitar esse conteúdo, que atualmente tem sido abordado constantemente, não somente em pesquisa e tecnologia, mas também no cotidiano da sociedade civil. Compreender uma das maiores tecnologias do século XXI – as Geotecnologias – pode não ser uma tarefa simples, mas é um diferencial para profissionais de diversas áreas. Além disso, o mercado de trabalho solicita cada vez mais o domínio desse tipo de conhecimento, tendo em vista o crescente avanço das tecnologias de localização no transporte, no mapeamento, na agricultura, no meio ambiente, entre outras esferas.

Lista de siglas

ABNT – Associação Brasileira de Normas Técnicas
ANA – Agência Nacional de Águas
APP – Área de preservação permanente
BDG – Banco de dados geográficos
BDE – Banco de dados espaciais
CAC – Cartografia Assistida por Computador
CAD – *Computer Aided Design*
CD – Cartografia Digital
CGED – Coordenação de Geodésia do IBGE
DMM – Dimensão mínima mapeável
DN – *Digital number*
DVUL – Densidade de vértices por unidade linear
EM – Espectro eletromagnético
ESA – European Space Agency
ESRI – Environmental Systems Research Institute
GNSS – *Global Navigation Satellite System* (Sistema Global de Navegação por Satélite)
Goce – Gravity Field and Ocean Circulation Explorer
GPS – *Global Positioning System* (Sistema de Posicionamento Global)
IBGE – Instituto Brasileiro de Geografia e Estatística
ICGEM – International Centre for Global Earth Models
IDE – Infraestrutura de Dados Espaciais
IDH – Índice de Desenvolvimento Humano
Inde – Infraestrutura Nacional de Dados Espaciais
ISO – International Organization for Standardization
IV – Faixa do infravermelho
Lidar – *Light Detection and Ranging*
MDE – Modelo digital de elevação

MDS – Modelo digital de superfície
MDT – Modelo digital do terreno
MNT – Modelo numérico do terreno
OACI – Organização da Aviação Civil Internaciconal
OGC – Open Geospatial Consortium
PEC – Padrão de exatidão cartográfica
Radar – *Radio Detection and Ranging*
REM – Radiação eletromagnética
RPA – Aeronave remotamente pilotada
SGB – Sistema Geodésico Brasileiro
SGBD – Sistema de Gerenciamento de Banco de Dados
SIG – Sistema de Informação Geográfica
SR – Sensoriamento Remoto
UTM – Universal Transversa de Mercator
UV – Faixa do ultravioleta
Vant – Veículo aéreo não tripulado
VGI – *Volunteered Geographic Information*

Referências

ABNT – Associação Brasileira de Normas Técnicas. **NBR 13133**: execução de levantamento topográfico: procedimento. Rio de Janeiro, 1994.

ALVES, D. B. M.; ABREU, P. A. G.; SOUZA, J. S. GNSS: status, modelagem atmosférica e métodos de posicionamento. **Revista Brasileira de Geomática**, v. 1, n. 1, p. 8-13, 2013. Disponível em: <https://www.fct.unesp.br/Home/Pesquisa/GEGE/1612-5037-1-pb.pdf>. Acesso em: 29 jul. 2020.

ANA – Agência Nacional de Águas. **Outorgas ANA**: Outorgas 2001 a 2016. Disponível em: <http://portal1.snirh.gov.br/ana/apps/webappviewer/index.html?id=fa5b341124dc43778daa2a085d817217>. Acesso em: 15 maio 2020.

BERRY, J. K.; MEHTA, S. **An Analytical Framework for GIS Modeling**. 2009. Disponível em: <https://pdfs.semanticscholar.org/1def/21d0ea4e4613880f49db0b920b1fe325a186.pdf>. Acesso em: 15 maio 2020.

BOLFE, E. L. et al. Panorama atual. In: TÔSTO, S. G. et al. (Ed.). **Geotecnologias e geoinformação**: o produtor pergunta, a Embrapa responde. Brasília: Embrapa, 2014. p. 35-48. (Coleção 500 Perguntas, 500 Respostas). Disponível em: <https://www.embrapa.br/busca-de-publicacoes/-/publicacao/987589/geotecnologias-e-geoinformacao-o-produtor-pergunta-a-embrapa-responde>. Acesso em: 15 maio 2020.

BOWKER, D. E. et al. Spectral Reflectances of Natural Targets for Use in Remote Sensing Studies. **NASA Reference Publication**, Hampton, n. 1139, June 1985. Disponível em: <https://ntrs.nasa.gov/archive/nasa/casi.ntrs.nasa.gov/19850022138.pdf>. Acesso em: 13 jul. 2020.

BRASIL. Decreto n. 2.278, de 17 de julho de 1997. **Diário Oficial da União**, Poder Executivo, Brasília, DF, 18 jul. 1997. Disponível em <http://www.planalto.gov.br/ccivil_03/decreto/D2278.htm>. Acesso em: 15 maio 2020.

BRASIL. Decreto n. 89.817, de 20 de junho de 1984. **Diário Oficial da União**, Poder Executivo, Brasília, DF, 22 jun. 1984. Disponível em: <http://www.planalto.gov.br/ccivil_03/decreto/1980-1989/D89817.htm>. Acesso em: 15 maio 2020.

BRASIL. Decreto-Lei n. 1.177, de 21 de junho de 1971. **Diário Oficial da União**, Poder Executivo, Brasília, DF, 21 jun. 1971. Disponível em: <http://www.planalto.gov.br/ccivil_03/Decreto-Lei/1965-1988/Del1177.htm>. Acesso em: 15 maio 2020.

BRASIL. Ministério da Defesa. Portaria Normativa n. 953, de 16 de abril de 2014. **Diário Oficial da União**, Brasília, DF, 17 abr. 2014. Disponível em: <http://www.lex.com.br/legis_25437425_PORTARIA_NORMATIVA_N_953_DE_16_DE_ABRIL_DE_2014.aspx>. Acesso em: 15 maio 2020.

BRAZ, A. M.; OLIVEIRA, I. J. de; CAVALCANTI, L. C. de S. Geoinformação: estado da arte e aplicabilidade em estudos de paisagem na geografia. In: MARTINS, A. P.; CABRAL, J. B. P. (Org.). **Reflexões geográficas no Cerrado brasileiro**. Curitiba: CRV, 2019. p. 17-40. (Coleção Reflexões geográficas no cerrado brasileiro, v. 1).

CÂMARA, G. **Modelos, linguagens e arquiteturas para bancos de dados geográficos**. 237 f. Tese (Doutorado em Computação Aplicada). Instituto Nacional de Pesquisas Espaciais, São José dos Campos, 1995. Disponível em: <https://www.researchgate.net/publication/43653652_Modelos_linguagens_e_arquiteturas_para_bancos_de_dados_geograficos>. Acesso em: 29 set. 2020.

CÂMARA, G. Representação computacional de dados geográficos. In: QUEIROZ, G. R.; FERREIRA, K. R. (Ins.). **Tutorial sobre banco de dados geográficos**. São José dos Campos: Inpe, 2006. p. 4-30. Disponível em: <http://www.dpi.inpe.br/DPI/livros/pdfs/tutorialbdgeo_geobrasil2006.pdf>. Acesso em: 16 jul. 2020.

CÂMARA, G. Sistemas de informação geográfica para aplicações ambientais e cadastrais: uma visão geral. In: SILVA, M. de S. e. (Org.). **Cartografia, sensoriamento e geoprocessamento**. Lavras: Universidade Federal de Lavras, 1998. p. 59-88.

CÂMARA, G.; DAVIS, C. Introdução. In: CÂMARA, G.; DAVIS, C.; MONTEIRO, A. M. V. (Org.). **Introdução à ciência da geoinformação**. São José dos Campos: Inpe, 2001. cap. 1. 5 p. Disponível em: <http://mtc-m12.sid.inpe.br/col/sid.inpe.br/sergio/2004/04.22.07.43/doc/publicacao.pdf>. Acesso em: 15 maio 2020.

CÂMARA, G.; FREITAS, U. M. de. **Perspectivas em sistemas de informação geográfica**. 1995. Disponível em: <http://www.geolab.faed.udesc.br/sites_disciplinas/geoprocessamento_aplicado_ao_planejamento/docs/perspectivas%20em%20SIG.pdf>. Acesso em: 15 maio 2020.

CÂMARA, G.; MONTEIRO, A. M. V. Conceitos básicos em ciência da geoinformação. In: CÂMARA, G.; DAVIS, C.; MONTEIRO, A. M. V. (Ed., Org.). **Introdução à ciência da geoinformação**. São José dos Campos: Inpe, 2001. cap. 2. 35 p. Disponível em: <http://mtc-m12.sid.inpe.br/col/sid.inpe.br/sergio/2004/04.22.07.43/doc/publicacao.pdf>. Acesso em: 15 maio 2020.

CÂMARA, G.; MONTEIRO, A. M. V.; MEDEIROS, J. S. de. Fundamentos epistemológicos da ciência da geoinformação. In: CÂMARA, G.; DAVIS, C.; MONTEIRO, A. M. V. (Ed., Org.). **Introdução à ciência da geoinformação**. São José dos Campos: Inpe, 2001. cap. 5. 16 p. Disponível em: <http://mtc-m12.sid.inpe.br/col/sid.inpe.br/sergio/2004/04.22.07.43/doc/publicacao.pdf>. Acesso em: 15 maio 2020.

COLWELL, R. N. et al. (Ed.). **Manual of Remote Sensing**: Interpretation and Applications. Falls Church: American Society of Photogrammetry, 1983. v. 2.

CRISTIANE. **Cartografia**: representação da Terra em um plano. Universidade Federal Fluminense. Instituto de Geociências. Departamento de Análise Geoambiental. Disponível em: <http://www.professores.uff.br/cristiane/cartografia/>. Acesso em: 15 maio 2020.

CRÓSTA, A. P. **Processamento digital de imagens de sensoriamento remoto**. Campinas: IG/Unicamp, 1992.

D'ALGE, J. C. L. Cartografia para geoprocessamento. In: CÂMARA, G.; DAVIS, C.; MONTEIRO, A. M. V. (Ed., Org.). **Introdução à ciência da geoinformação**. São José dos Campos: Inpe, 2001. cap. 6. 32 p. Disponível em: <http://mtc-m12.sid.inpe.br/col/sid.inpe.br/sergio/2004/04.22.07.43/doc/publicacao.pdf>. Acesso em: 15 maio 2020.

DAVIS, C; CÂMARA, G. Arquitetura de sistemas de informação geográfica. In: CÂMARA, G.; DAVIS, C.; MONTEIRO, A. M. V. (Ed., Org.). **Introdução à ciência da geoinformação**. São José dos Campos: Inpe, 2001. cap. 3. 35 p. Disponível em: <http://mtc-m12.sid.inpe.br/col/sid.inpe.br/sergio/2004/04.22.07.43/doc/publicacao.pdf>. Acesso em: 15 maio 2020.

DI MAIO, A. et al. **Sensoriamento remoto**. Formação continuada de professores: curso Astronáutica e Ciências do Espaço. AEB – Agência Espacial Brasileira, 2008. Disponível em: <http://www.aeb.gov.br/wp-content/uploads/2018/05/sensoriamento_manual.pdf>. Acesso em: 15 maio 2020.

DUARTE, P. A. **Fundamentos de cartografia**. 2. ed. Florianópolis: Ed. da UFSC, 2002.

ESA – European Space Agency. **2011 GOCE Geoid**. 30 jul. 2014. Disponível em: <https://www.esa.int/ESA_Multimedia/Images/2014/07/2011_GOCE_geoid>. Acesso em: 15 maio 2020.

ESA – European Space Agency. **A Force that Shapes our Planet**. Disponível em: <https://www.esa.int/Applications/Observing_the_Earth/GOCE/A_force_that_shapes_our_planet>. Acesso em: 15 maio 2020a.

ESA – European Space Agency. **GOCE**. Disponível em: <https://www.esa.int/Enabling_Support/Operations/GOCE>. Acesso em: 15 maio 2020b.

ESRI – Environmental Systems Research Institute. **An Overview of the Overlay Toolset**. Disponível em: <https://pro.arcgis.com/en/pro-app/tool-reference/analysis/an-overview-of-the-overlay-toolset.htm>. Acesso em: 16 jul. 2020a.

ESRI – Environmental Systems Research Institute. **Buffer (Analysis)**. Disponível em: <https://pro.arcgis.com/en/pro-app/tool-reference/analysis/buffer.htm>. Acesso em: 16 jul. 2020b.

ESRI – Environmental Systems Research Institute. **What is GIS?** Disponível em: <http://www.esri.com/what-is-gis>. Acesso em: 15 maio 2020c.

FARIAS, A. R. et al. Identificação, mapeamento e quantificação das áreas urbanas do Brasil. **Comunicado Técnico da Embrapa**, n. 4, Campinas, maio 2017. Disponível em: <https://www.embrapa.br/busca-de-publicacoes/-/publicacao/1069928/identificacao-mapeamento-e-quantificacao-das-areas-urbanas-do-brasil>. Acesso em: 15 maio 2020.

FELGUEIRAS, C. A. Modelagem numérica de terreno. In: CÂMARA, G.; DAVIS, C.; MONTEIRO, A. M. V. (Ed., Org.). **Introdução à ciência da geoinformação**. São José dos Campos: Inpe, 2001. cap. 7. 38 p. Disponível em: <http://mtc-m12.sid.inpe.br/col/sid.inpe.br/sergio/2004/04.22.07.43/doc/publicacao.pdf>. Acesso em: 15 maio 2020.

FISCHER, W. A.; HEMPHILL, W. R.; KOVER, A. Progress in Remote Sensing (1972-1976). **Photogrammetria**, v. 32, p. 33-72, 1976.

FITZ, P. R. **Geoprocessamento sem complicação**. São Paulo: Oficina de Textos, 2008.

FLORENZANO, T. G. Cartografia. In: FLORENZANO, T. G. (Org.). **Geomorfologia**: conceitos e tecnologias atuais. São Paulo: Oficina de Textos, 2008. p. 105-128.

FLORENZANO, T. G. **Imagens de satélite para estudos ambientais**. São Paulo. Oficina de Textos, 2002.

FOGAÇA, T. K.; CUBAS, M. G.; TAVEIRA, B. D. de A. **Conservação dos recursos naturais e sustentabilidade**: um enfoque geográfico. Curitiba: InterSaberes, 2017.

FONSECA, S. F. da; GUEDES, C. R. M.; SANTOS, D. C. dos. Análise espacial, informática e geoprocessamento aplicados no ensino médio. **Geografia Ensino & Pesquisa**, v. 21, n. 1, p. 167-176, jan./abr. 2017. Disponível em: <https://periodicos.ufsm.br/geografia/article/view/22125>. Acesso em: 15 maio 2020.

FONTES, L. C. A. de A. **Fundamentos de aerofotogrametria aplicada à topografia**. Universidade Federal da Bahia, 2005. Disponível em: <http://www.topografia.ufba.br/nocoes%20de%20aerofotogrametriapdf.pdf>. Acesso em: 15 maio 2020.

GEMAEL, C. **Introdução à geodésia física**. Curitiba: Ed. da UFPR, 2012.

GERDES, D.; BLAZEK, R.; LANDA, M. **GRASS GIS 7.8.4dev**: v.clean. Manual de referência. Disponível em: <https://grass.osgeo.org/grass78/manuals/v.clean.html>. Acesso em: 15 jul. 2020.

HORUS. **Afinal, quando usar o MDS e MDT?** 27 ago. 2018. Disponível em: <https://horusaeronaves.com/afinal-quando-usar-o-mds-e-mdt/>. Acesso em: 14 jul. 2020.

IBGE – Instituto Brasileiro de Geografia e Estatística. **Atlas Escolar**: conceitos gerais: o que é cartografia? – GNSS. Disponível em: <https://atlasescolar.ibge.gov.br/conceitos-gerais/o-que-e-cartografia/sistema-global-denavegac-a-o-por-sate-litess.html>. Acesso em: 15 maio 2020a.

IBGE – Instituto Brasileiro de Geografia e Estatística. **Censo Demográfico 2010**: características gerais da população, religião e pessoas com deficiência. Rio de Janeiro, 2010. Disponível em: <https://biblioteca.ibge.gov.br/visualizacao/periodicos/94/cd_2010_religiao_deficiencia.pdf>. Acesso em: 15 maio 2020.

IBGE – Instituto Brasileiro de Geografia e Estatística. **Modelo de ondulação geoidal**: MAPGEO2015 – Acesso ao produto. Disponível em: <https://www.ibge.gov.br/geociencias/informacoes-sobre-posicionamento-geodesico/servicos-para-posicionamento-geodesico/10855-modelo-de-ondulacao-geoidal.html?=&t=acesso-ao-produto>. Acesso em: 15 maio 2020b.

IBGE – Instituto Brasileiro de Geografia e Estatística. **Modelo de ondulação geoidal**: MAPGEO2015 – Processar os dados. Disponível em: <https://www.ibge.gov.br/geociencias/informacoes-sobre-posicionamento-geodesico/servicos-para-posicionamento-geodesico/10855-modelo-de-ondulacao-geoidal.html?=&t=processar-os-dados>. Acesso em: 15 maio 2020c.

IBGE – Instituto Brasileiro de Geografia e Estatística. **Modelo de ondulação geoidal**: MAPGEO2015 – Sobre a publicação. Disponível em: <https://www.ibge.gov.br/geociencias/informacoes-sobre-posicionamento-geodesico/servicos-para-posicionamento-geodesico/10855-modelo-de-ondulacao-geoidal.html?=&t=sobre>. Acesso em: 15 maio 2020d.

IBGE – Instituto Brasileiro de Geografia e Estatística. **Noções básicas de cartografia**. Rio de Janeiro: IBGE/Departamento de Cartografia, 1999. (Manuais Técnicos em Geociências, n. 8). Disponível em: <https://biblioteca.ibge.gov.br/visualizacao/monografias/GEBIS%20-%20RJ/ManuaisdeGeociencias/Nocoes%20basicas%20de%20cartografia.pdf>. Acesso em: 15 maio 2020.

IBGE – Instituto Brasileiro de Geografia e Estatística. **Projeto Mudança do Referencial Geodésico (PMRG)**: o que é. Disponível em: <https://www.ibge.gov.br/geociencias/informacoes-sobre-posicionamento-geodesico/sirgas/16691-projeto-mudanca-do-referencial-geodesico-pmrg.html?=&t=o-que-e#1>. Acesso em: 15 maio 2020e.

IBGE – Instituto Brasileiro de Geografia e Estatística. **Recomendações para levantamentos relativos estáticos**: GPS. Rio de Janeiro, 2008. Disponível em: <http://geoftp.ibge.gov.br/metodos_e_outros_documentos_de_referencia/normas/recom_gps_internet.pdf>. Acesso em: 15 maio 2020.

IBGE – Instituto Brasileiro de Geografia e Estatística. **Relatório de Monitoramento da Variação do Nível Médio do Mar nas Estações da Rede Maregráfica Permanente para Geodésia**: 2001-2012. Rio de Janeiro, 2013. Disponível em: <ftp://geoftp.ibge.gov.br/informacoes_sobre_posicionamento_geodesico/rmpg/relatorio/relatorio_RMPG_2001_2013_GRRV.pdf>. Acesso em: 15 maio 2020.

IBGE – Instituto Brasileiro de Geografia e Estatística. Resolução R.PR n. 1, de 25 de fevereiro de 2005. Rio de Janeiro, 2005. Disponível em: <http://geoftp.ibge.gov.br/metodos_e_outros_documentos_de_referencia/normas/rpr_01_25fev2005.pdf>. Acesso em: 15 maio 2020.

ICGEM – International Centre for Global Earth Models. **Global Gravity Field Models**. Disponível em: <http://icgem.gfz-otsdam.de/tom_longtime>. Acesso em: 15 maio 2020.

JENSEN, J. R. **Sensoriamento remoto do ambiente**: uma perspectiva em recursos terrestres. Tradução de José Carlos Neves Epiphanio et. al. 2. ed. São José dos Campos: Parêntese, 2009.

JANSSEN, L. L. F.; HUURNEMAN, G. C. (Ed.). **Principles of Remote Sensing**. Enschede: ITC Educational, 2001. (Textbook Series).

KNEIP, A. **Sistemas de informação geográfica**: uma introdução prática. Palmas: EdUFT, 2014.

LIRA, C. et al. **Sistemas de informação geográfica**: análise de dados de satélite. Lisboa: DGRM, 2016. Guia técnico. Disponível em: <https://www.researchgate.net/publication/312383752_Sistemas_de_Informacao_Geografica_Analise_de_Dados_de_Satelite>. Acesso em: 15 maio 2020.

LIU, J.-G.; MASON, P. J. **Essential Image Processing and GIS for Remote Sensing**. London, UK: John Wiley & Sons, 2009.

LONGLEY, P. A. et al. **Sistemas e ciência da informação geográfica**. Tradução de André Schneider et al. 3. ed. Porto Alegre: Bookman, 2013.

MATIAS, L. F.; NASCIMENTO, E. do. Geoprocessamento aplicado ao mapeamento das áreas de ocupação irregular na cidade de Ponta Grossa (PR). **Geografia**, Rio Claro, v. 31, n. 2, p. 317-330, maio/ago. 2006. Disponível em: <http://www.periodicos.rc.biblioteca.unesp.br/index.php/ageteo/article/view/1368>. Acesso em: 15 maio 2020.

MENEZES, P. M. L. de; FERNANDES, M. do C. **Cartografia turística**: novos conceitos e antigas concepções ou antigos conceitos e novas concepções. 2003. Disponível em: <http://www.geocart.igeo.ufrj.br/pdf/trabalhos/2003/Cartografia_Turistica_2003.pdf>. Acesso em: 15 maio 2020.

MENEZES, P. M. L. de; FERNANDES, M. do C. **Roteiro de cartografia**. São Paulo: Oficina de Textos, 2013.

MIRANDOLA, P. H. A trajetória da tecnologia de sistemas de informação geográfica (SIG) na pesquisa geográfica. **Revista Eletrônica da Associação dos Geógrafos Brasileiros Seção Três Lagoas**, v. 1, n. 1, p. 21-37, nov. 2004. Disponível em: <https://periodicos.ufms.br/index.php/RevAGB/article/view/1334>. Acesso em: 15 maio 2020.

MONICO, J. F. G. **Posicionamento pelo GNSS**: descrição, fundamentos e aplicações. 2. ed. São Paulo: Ed. da Unesp, 2008.

MOREIRA, M. A. **Fundamentos do sensoriamento remoto e metodologias de aplicação**. São José dos Campos: Inpe, 2001. Disponível em: <http://mtc-m12.sid.inpe.br/col/sid.inpe.br/sergio/2004/10.20.14.47/doc/INPE%208465.pdf>. Acesso em: 29 jul. 2020.

MOURA, A. C. M.; SANTA-CECILIA, B.; PONTES, M. Geoprocessamento na requalificação urbana: evolução e contexto no pensamento urbano e estudo de caso no Hipercentro de Belo Horizonte-MG, Brasil. In: CONFERENCIA IBEROAMERICANA DE SISTEMAS DE INFORMACIÓN GEOGRÁFICA (CONFIBSIG), 13., 2011, Toluca.

NOAA – National Oceanic and Atmospheric Administration. **What Is the Geoid?** National Ocean Service website. Disponível em: <https://oceanservice.noaa.gov/facts/geoid.html>. Acesso em: 15 maio 2020.

NOVO, E. M. L. de M. **Sensoriamento remoto**: princípios e aplicações. 4. ed. rev. São Paulo: Blucher, 2010.

PANCHER, A. M.; FREITAS, M. I. C. de. **Cartografia sistemática**: projeção Universal Transversa de Mercator (UTM) – coordenadas UTM. Disponível em: <http://www.rc.unesp.br/igce/planejamento/download/isabel/cart_top_ecologia/Aula%205/UTM_modo_compatibilidade.pdf>. Acesso em: 15 maio 2020.

PEREIRA, S. E. M. **Análise estratégica do zoneamento agroecológico como instrumento de ordenamento territorial e sua aplicação em modelos de mudança de uso e cobertura da terra.** 161 f. Tese (Doutorado em Meio Ambiente) – Universidade do Estado do Rio de Janeiro, 2013.

ROSA, R. **Introdução ao geoprocessamento.** Universidade Federal de Uberlândia, Instituto de Geografia, Laboratório de Geoprocessamento. Minas Gerais, 2013. Apostila. Disponível em: <http://professor.ufabc.edu.br/~flavia.feitosa/cursos/geo2016/AULA5-ELEMENTOSMAPA/Apostila_Geop_rrosa.pdf>. Acesso em: 15 maio 2020.

ROTH, B. A. F. **Determinação de pontos fixos e órbitas periódicas em sistemas caóticos.** 131 f. Dissertação (Mestrado em Computação Aplicada). Instituto Nacional de Pesquisas Espaciais, São José dos Campos, 2003. Disponível em: <https://docplayer.com.br/61116542-Determinacao-de-pontos-fixos-e-orbitas-periodicas-em-sistemas-caoticos.html>. Acesso em: 15 maio 2020.

SAMPAIO, T. V. M.; BRANDALIZE, M. C. B. **Cartografia geral, digital e temática**. Curitiba: Universidade Federal do Paraná/Programa de Pós-Graduação em Ciências Geodésicas, 2018. (Série Geotecnologias: Teoria e Prática, v. 1). Disponível em: <http://www.prppg.ufpr.br/site/ppggeografia/wp-content/uploads/sites/71/2018/03/cartografia-geral-digital-e-tematica-b.pdf>. Acesso em: 15 maio 2020.

SANTOS, M. S. T.; SÁ, N. C. de. O uso do GPS em levantamentos geofísicos terrestres. **Revista Brasileira de Geofísica**, São Paulo, v. 24, n. 1, p. 63-80. jun./mar. 2006. Disponível em: <http://www.scielo.br/scielo.php?script=sci_arttext&pid=S0102-261X2006000100005&lng=en&nrm=iso>. Acesso em: 29 jul. 2020.

SIDDIQUE, M. Application of Remote Sensing and Geographical Information System in Civil Engineering. **SlideShare**, 16 mar. 2015. Disponível em: <https://www.slideshare.net/yourmohsin/introduction-to-remote-sensing-and-gis>. Acesso em: 15 maio 2020.

SILVA, F. J. L. T. da; ROCHA, D. F.; AQUINO, C. M. S. de. Geografia, geotecnologias e as novas tendências da geoinformação: indicação de estudos realizados na Região Nordeste. **InterEspaço: Revista de Geografia e Interdisciplinaridade**, v. 2, n. 6, p. 176-197, maio/ago. 2016. Disponível em: <http://www.periodicoseletronicos.ufma.br/index.php/interespaco/article/view/6488>. Acesso em: 15 maio 2020.

SILVA, J. X. da. **Geoprocessamento para análise ambiental**. Rio de Janeiro: D5 Produção Gráfica, 2001. v. 1.

SOUZA FILHO, C. R. de; CRÓSTA, A. P. Geotecnologias aplicadas à geologia. **Revista Brasileira de Geociências**, v. 33, n. 2, p. 1-4, 2003. Disponível em: <http://www.ppegeo.igc.usp.br/index.php/rbg/article/view/9818>. Acesso em: 15 maio 2020.

STURARO, J. R. **Apostila de geoestatística básica**. Universidade Estadual Paulista, Departamento de Geologia Aplicada – IGCE, Campus Rio Claro, 2015. Disponível em: <https://igce.rc.unesp.br/Home/Departamentos47/geologiaaplicada/apostila-basica.pdf>. Acesso em: 15 maio 2020.

TEIXEIRA, A. L. de A.; MORETI, E.; CHRISTOFOLETTI, A. **Introdução aos sistemas de informação geográfica**. Edição do autor. Rio Claro: [s.n.], 1992.

TIMES, V. C. **Sistemas de informação geográfica (SIG)**. Disponível em: <https://www.cin.ufpe.br/~if695/arquivos/aulas/sig_bd.pdf>. Acesso em: 6 jul. 2020.

VARDHAN, H. What is GIS? The Definition Has Changed! **Geospatial World**, 28 Sept. 2016. Disponível em: <https://www.geospatialworld.net/blogs/what-is-gis-definition-changed/>. Acesso em: 15 maio 2020.

VICTORIA, D. de C. et al. Geoprocessamento. In: TÔSTO, S. G. et al. (Ed.). **Geotecnologias e geoinformação**: o produtor pergunta, a Embrapa responde. Brasília: Embrapa, 2014. p. 93-106. (Coleção 500 Perguntas, 500 Respostas). Disponível em: <https://www.embrapa.br/busca-de-publicacoes/-/publicacao/987589/geotecnologias-e-geoinformacao-o-produtor-pergunta-a-embrapa-responde>. Acesso em: 15 maio 2020.

YAMAMOTO, J. K.; LANDIM, P. M. B. **Geoestatística**: conceitos e aplicações. São Paulo: Oficina de Textos, 2013.

ZAIDAN, R. T. Geoprocessamento: conceitos e definições. **Revista de Geografia – PPGEO – UFJF**, Juiz de Fora, v. 7, n. 2, p. 195-201, jul./dez. 2017. Disponível em: <https://periodicos.ufjf.br/index.php/geografia/article/view/18073>. Acesso em: 15 maio 2020.

Bibliografia comentada

FITZ, P. R. **Geoprocessamento sem complicação**. São Paulo: Oficina de Textos, 2008.

O livro busca estabelecer conexão entre Geoprocessamento e Geografia, abordando desde a evolução da ciência geográfica até a Geografia tecnológica com rigor epistemológico, passando por temas como Cartografia, base de dados espaciais, Sistemas de Informação Geográfica (SIGs) e Sensoriamento Remoto (SR). O capítulo final ainda trata da tomada de decisão em SIGs. Mesmo sucinta, a obra tem grande valor, pois apresenta os temas de maneira aprofundada, com bons exemplos e exercícios resolvidos. O capítulo sobre processo decisório e elaboração de critérios em SIG foi construído cuidadosamente por meio de exemplos, a fim de mostrar a importância da atuação do profissional de Geografia nas Geociências, pois ele é responsável por tomar decisões que implicam a transformação consciente do espaço.

TULER, M.; SARAIVA, S. **Fundamentos de geodésia e cartografia**. Porto Alegre: Bookman, 2016. (Série Tekne).

Nessa obra, complementar à nossa, são discutidos assuntos que consideramos essenciais aos interessados em Geociências. Ela trata de alguns assuntos que já abordamos em nossa obra, mas com maior destaque, como operações cartográficas e geodésicas. Conta com figuras e ilustrações didáticas que facilitam o entendimento de assuntos de difícil compreensão para profissionais que não são da área de Ciências Exatas. É uma obra de cunho prático, que transcende a teoria e transforma em prática o conhecimento acadêmico. Para realmente compreender o Geoprocessamento em profundidade, é indispensável aprofundar-se em questões como superfícies de representação da Terra, métodos de levantamentos, escala e projeções cartográficas, bem como entender a relação entre os diferentes tipos de coordenadas e sistemas de referência. A obra é de grande importância para geógrafos e demais profissionais que utilizam SIGs ou outras Geotecnologias em seu dia a dia.

Respostas

Capítulo 1

Atividades de autoavaliação

1. d
2. b
3. d
4. e
5. d

Atividades de aprendizagem
Questões para reflexão

1. O ponto central da resposta a essa pergunta reside na potencialidade do SIG em manipular, armazenar e representar dados espaciais. Ele possibilita os procedimentos de análise em Geoprocessamento, ou seja, permite a transformação de dados em informação.

2. O aluno deve pesquisar exemplos de aplicações das ferramentas de Geoprocessamento na Gestão Ambiental, como planejamento ambiental e agroambiental, mineração e gestão ambiental municipal.

Capítulo 2

Atividades de autoavaliação

1. a
2. d
3. c
4. c
5. a

Atividades de aprendizagem
Questões para reflexão

1. O aluno deve discutir, de acordo com o conteúdo apresentado sobre escala e Cartografia Digital, qual seria a dificuldade em utilizar os dados coletados, tendo em vista que podem estar em escalas muito diferentes ou defasados, por exemplo.

2. A massa que compõe o planeta causa a variação do campo gravitacional e, considerando-se que o geoide é um modelo físico baseado na superfície equipotencial gravitacional, o conhecimento da força da gravidade e de sua medição é elementar para a elaboração do modelo geoidal.

Capítulo 3

Atividades de autoavaliação

1. a
2. d
3. d

4. e

5. a

Atividades de aprendizagem
Questões para reflexão

1. Entre as vantagens do uso do SR em projetos ambientais, destacam-se: mensuração e captura de dados a distância; possibilidade de captura de imagens multiespectrais; monitoramento dia e noite por meio de sensores ativos; sensores ativos independentes de condições climáticas; monitoramento de grandes áreas, permitindo cenas em pequenas escalas; cobertura global; possibilidade de obtenção de energia em faixas espectrais as quais os olhos humanos são incapazes de visualizar; condições homogêneas para observação de um fenômeno em grandes áreas, entre outras. Já entre as desvantagens, podemos mencionar: alto custo; muitas análises necessitam de profissionais altamente especializados; sistemas ativos são considerados intrusos ao emitirem radiação eletromagnética em direção ao alvo, entre outras.

2. Nessa questão, o aluno deve mencionar o uso do mapeamento colaborativo e do VGI como fonte de dado espacial em que os usuários geram conteúdo de maneira voluntária. Algumas das questões importantes a serem citadas são: o usuário leigo em Cartografia pode ser o colaborador; participação livre e gratuita; uso do OpenStreetMap e de outras plataformas; uso do VGI (em comunidades, no gerenciamento de desastres, no mapeamento da infraestrutura urbana e cadastro, uso na educação etc.); qualidade e credibilidade desses dados; diferença entre os dois conceitos; outros conceitos utilizados e que se referem à temática.

Capítulo 4

Atividades de autoavaliação

1. e
2. c
3. c
4. a
5. d

Atividades de aprendizagem

Questões para reflexão

1. O intuito da atividade é que o aluno discorra sobre o uso final do Geoprocessamento, que, nesse caso, é utilizado como apoio para a obtenção de respostas em estudos complexos, como nos casos de construção de cenários, estabelecimento de políticas ambientais ou de ocupação e modelagem de paisagens. Com a sugestão de realização de pesquisa sobre as metodologias, o objetivo é trazer o Geoprocessamento para mais perto da ciência geográfica e tornar claro o papel do geógrafo em estudos de análise ambiental, gerenciamento de desastres, planejamento urbano, entre tantas outras áreas nas quais o profissional pode se inserir. Trata-se de pensar as técnicas de análise de alternativas e metodologias decisórias de maneira abrangente e interdisciplinar e, sobretudo, de considerar a importância do pensamento crítico na análise dos resultados que as tecnologias ajudam a produzir.

2. A tarefa foi pensada com o objetivo de aproximar o aluno das normas e padrões cartográficos que estão em vigor em nosso país. Aqui é solicitado que ele discorra sobre a Inde de maneira abrangente e analise o papel do geógrafo em todo o contexto considerado.

Sobre as autoras

Monyra Guttervill Cubas é mestra, licenciada e bacharel em Geografia pela Universidade Federal do Paraná (UFPR) e especialista em Geomática pela Universidade do Contestado – *campus* Canoinhas (SC). Entre suas áreas de atuação estão a Geografia, a Cartografia e o Geoprocessamento. É coautora da obra *Conservação dos recursos naturais e sustentabilidade: um enfoque geográfico*, também publicada pela Editora InterSaberes.

Bruna Daniela de Araujo Taveira é mestra, licenciada e bacharel em Geografia pela Universidade Federal do Paraná (UFPR). Atua na linha de pesquisa Paisagem e Análise Ambiental. Suas principais áreas de atuação são Hidrologia, Hidrogeomorfologia, Gestão Ambiental e Geoprocessamento.

Impressão:
Setembro/2020